日本媽媽的法式餐桌

預約不到的家政婦，私藏61道法式家常菜

タサン志麻——著
王菲——譯

Shima

Merci Beaucoup!
毎日の食事が楽しく
なりますように!!

不用太拚命也沒關係——法國家庭料理的智慧

タサン志麻

借法國家庭料理的智慧，幫職場媽媽解決做飯煩惱

這本書的寫作初衷，就是想幫助育兒、工作「兩頭燒」的媽媽們，更加輕鬆地準備一日三餐。我是一名鐘點煮飯阿姨，委託對象大多是既要忙工作，又要照顧孩子的職場媽媽。從離乳期的寶寶，到需要帶便當或注重營養均衡的中學生，孩子年齡不一，每家的要求也各不相同。

但這些家庭的媽媽都持有一個共同的理念：即使再忙，也要吃好。她們關心家人健康和孩子成長，每天不管多忙都想準備美味的三餐，令家人開心。我總在傾聽客戶的煩惱時，不停思考如何滿足大家的需求。

我先在大阪的調理師專門學校學習兩年法國料理，後赴法國分校與知名餐廳研修。回到日本後，幾乎一直在餐廳工作，為顧客精心製作各種料理。從求學至成長為餐廳名廚歷時十五年，那段歲月很充實，但更令我心動的，則是讓人感到踏實安心、簡單美味的法國家庭料理。

在法國，大多數媽媽也要兼顧育兒和工作。丈夫羅曼在巴黎的親友家，父母和孩子常會一起從容用餐。我初次目睹那種情景時感到新奇。當了媽媽後，我才發現，法國家庭料理的智慧能夠幫忙著育兒的職場媽媽減輕不少負擔，而且能輕鬆做出可口的飯菜。

在本書中，我拜訪了六個有孩子的家庭，根據各家的要求在三小時內製作十多道料理。如果能借助法國家庭料理的智慧，讓忙碌家庭的餐桌洋溢幸福的味道，我會由衷感到欣慰。

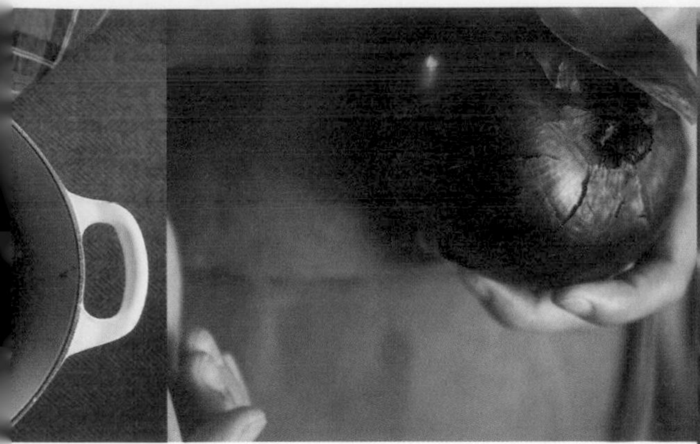

牢記
簡單至上的原則

1

SHIMA'S SPÉCIALITÉ ‘message’

要點1

料理簡單，悠然自得

法國婆婆做飯時總是自在從容，祕訣就是家庭法料做法簡單。她有時邊喝葡萄酒邊和大家閒聊，有時邊洗菜邊聽孩子們說話。

一般法國餐桌有主菜、沙拉、麵包，更豐盛一點就會再加一份湯和一道飯後甜點。日本家庭料理注重營養均衡，每頓飯都有好幾種菜，而法國家庭料理中的一道主菜，就將蔬菜、蛋白質全部囊括。

家庭法料的烹飪用具與烹調方法都很簡單，主菜大多燉或烤，肉和蔬菜混搭時多用燉煮，做牛排、烤肉時先將肉或魚烤熟後再配上蔬菜。奶汁焗菜、鹹派、油炸食物等是個別家庭口味或特別日子才會登場的料理。另外，家庭法料的配菜能吃好幾天，很多可以直接冷藏。

法國超市的冷凍食品區域面積遠遠大於日本，品種也更多，證明許多料理即使冷凍也不易損失美味。

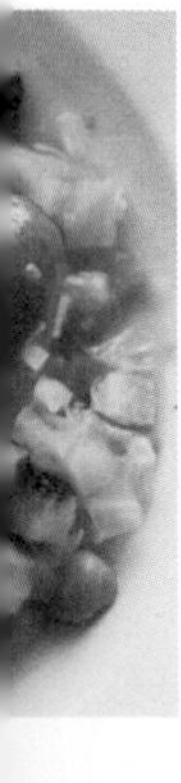

「志麻的料理祕訣」

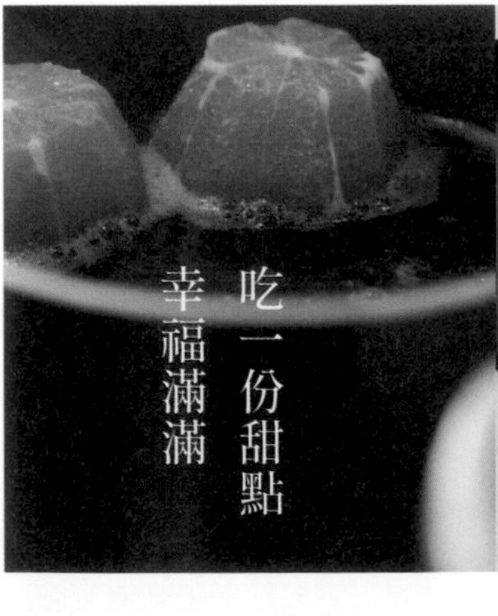

吃一份甜點
幸福滿滿

喝口濃湯　溫暖身心

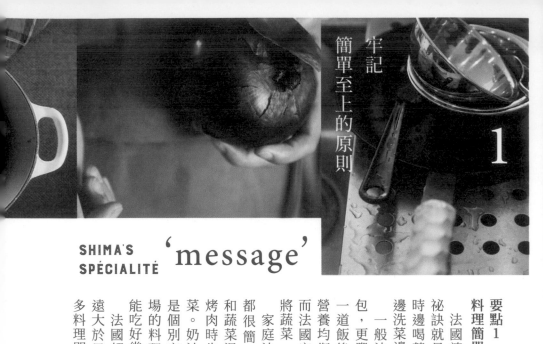

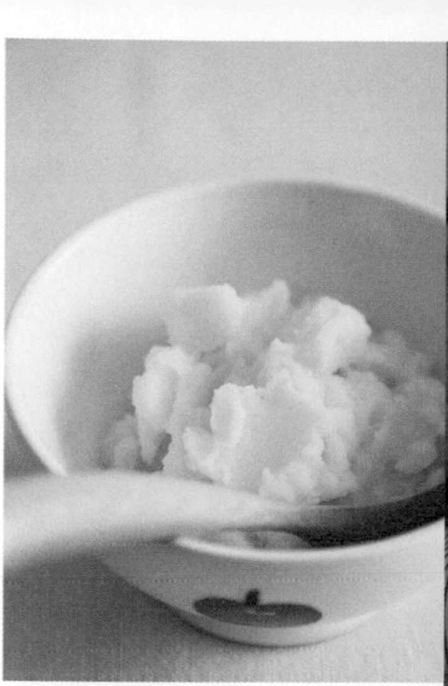

要點2
燉煮料理，自在從容

燉煮料理做法簡單，先將肉放入鍋中煎至表面上色，添水再放入切好的蔬菜，燉煮即可，中途需不時看看火候。等待時，可以做做其他家務或陪孩子玩。

料理煮好後，連鍋一同端上桌，家人坐在一起歡騰動筷：「今天應該能多吃點吧？再來一點嗎？」邊聊天邊添飯，樂享溫暖幸福的餐桌時光。

燉煮料理可以使用豬肉、雞肉等肉類和洋蔥、馬鈴薯、紅蘿蔔等存放時間較長的食材，也可以選擇當季食材。另外，使用的鍋具、餐具較少也是它不可小覷的魅力。

要點3
活用烤箱，省時省力

家庭法料的主要烹飪方法就是烤製，以烤箱使用頻率最高。成塊的牛、豬、雞肉都能用烤箱烤，還能同時烤配菜。

3 法國家庭料理 烤箱超好用！

首先，在肉的表面拍上適量鹽、胡椒粉，放入烤盤再將切好的馬鈴薯、紅蘿蔔、蕪菁等擺到肉的四周。烘烤時，配菜會自然沾裹從肉塊裡滲出來的肉汁，非常好吃。

其次，將烤盤裡剩下的肉汁倒入小鍋，加上葡萄酒熬煮收汁，就能變身為可蘸食的醬汁。切食大塊烤肉時，會感覺格外痛快。

要點4
鹹淡適宜，多滋多味

我在做料理時尤其注意鹹淡適宜，不管烤還是燉，都會提前用鹽醃製肉或魚，之後就儘量少放鹽。這樣的話，做好的料理吃到最後也不覺膩。

先拍上足夠的鹽後再用大火煎或烤肉，肉自身的美味就被完美鎖住。配菜只需水煮，無須放鹽。食用時，可以蘸鹽、胡椒粉或醬汁。

燉煮時，提前在肉上拍足夠的鹽，用大火煎至上色，放入蔬菜，加水燉煮，湯汁會慢慢變濃且鮮味

SHIMA'S
SPÉCIALITÉ
'message'

「料理是每天的事，輕鬆應對就好。」

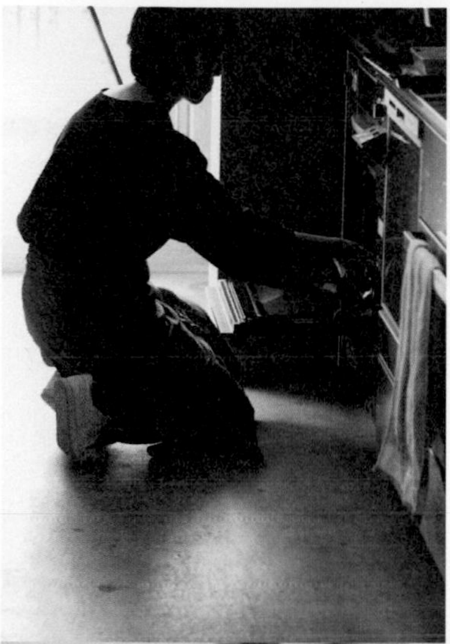

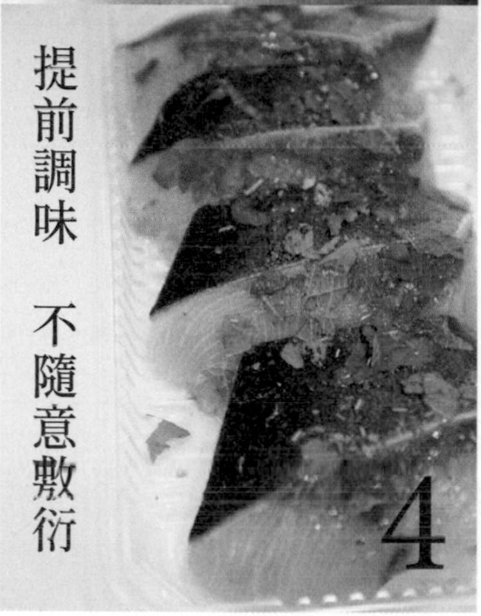
提前調味　不隨意敷衍
4

十足，肉、菜的味道也能昇華。

要點5
激發蔬菜自身的鮮味

在做湯或燉煮料理時，我通常會把蔬菜提前加鹽稍稍翻炒，然後再加水。

借助鹽的作用將蔬菜中的水分「逼」出，蔬菜自身的鮮味就會有效濃縮，融入湯中的蔬菜汁也會讓整體味道更濃郁。

法國料理中，洋蔥是大多數湯品的基礎。料理時，我常事先炒好洋蔥，使其甜味完美激發出來。

要點6
簡單調味，打造「我家的味道」

一提及「法國料理」，也許很多人的腦海中就會浮現出放有大量奶油、鮮奶油的重口味肉食料理。其實，那些都是餐廳料理，日常飯菜並非如此。

法國家庭料理常放很多蔬菜，基本是用鹽和胡椒粉調味，肉或蔬菜的鮮味主要靠鹽來激發。

5
激發食材的鮮味
是最重要的事情
SHIMA'S SPÉCIALITÉ
'message'
7
賞味的步驟
不可省略！
6
美味的湯底
是基礎

與日式高湯類似，在法國料理中，湯同樣是味道之基礎。「咕嘟咕嘟」現煮的高湯是最美味的，但每天都很忙的職場媽媽若抽不出時間慢慢煮，不妨試試西式清湯顆粒或滷包。湯料品牌不同，味道和鹽分的差異很大，可以選一款自己喜歡的。

另外，像番茄罐頭、葡萄酒、奶油等也能調味，幾種基礎調味品簡單組合搭配，便可打造出每個家庭特有的味道，這正是法國家庭料理的精髓。

要點7
試味道才能省時

在本書所列的料理中，「嚐一下味道，若感覺味道不足可再加點鹽」這句話常常出現，其實是我想提醒大家多注意味道。

「賞味」是快速製作料理的捷徑。若能不看食譜，自己摸索著把想要的味道調出來，料理會變輕鬆。因此，請大家多嚐味道。

「營造溫馨的餐桌時光」

8 大人和孩子一起吃同樣的飯菜

另外，不同種類或牌子的鹽、糖的鹹甜程度各有差異，平底鍋和其他鍋具各自的加熱火候不同，爐、烤箱的火力也不一，所以即便嚴格按照食譜操作，未必每次都能做出預期的味道。

食譜裡標註的份量頂多拿來參考，自己一定要邊嚐味道，邊確認鍋中食材的狀態，熟能生巧，慢慢不用看食譜也能又好又快地做出美味的料理。

要點8
家人共用餐桌時光

如果媽媽放鬆心情享受料理的樂趣，先生和孩子也會更容易參與其中。一家人開開心心地做飯，一起享用美味，飯後幫忙洗刷，這是理想家庭的模樣。

一家人邊吃邊聊，笑著「點評」料理味道，渾然不覺間孩子也會對料理感興趣。我真心期盼負責家庭飲食的媽媽不要一個人承擔，請嘗試邀請家人一同做飯，共享溫馨的餐桌時光。

CONTENTS

2 不用太拚命也沒關係——法國家庭料理的智慧

4 志麻的料理祕訣

PART 1

M家：母親&兒子，兩口之家

13 回家後立馬想吃的10道大盤料理

16 3小時做好10道菜！

18 志麻教教我！

1 下班後不想花太多時間去買菜，回家後想兩三下做好飯，該怎麼辦？

2 孩子只吃肉，想讓他多吃些蔬菜，該怎麼辦？

21 志麻最愛的 萵苣濃湯

22 什錦豆煮香腸

23 奶油蘑菇雞

25 五彩時蔬沙拉／法式炸豬排

26 義式海鮮燴

27 培根蛋醬義大利麵

28 希臘千層茄盒／法式小蛋盅

30 志麻最愛的 焦糖布丁

PART 2

E家：父母&一雙兒女，四口之家

31 11道孩子保證不挑食的營養滿分料理

34 3小時做好11道菜！

36 志麻教教我！

1 孩子最討厭吃蔬菜，沙拉、炒菜一口也不肯吃，該怎麼辦？

2 好想讓全家更開心地吃飯

39 志麻最愛的 紅蘿蔔濃湯

40 田園蔬菜湯

41 法式蔬菜沙拉

43 香草沙丁魚馬鈴薯捲／白菜火腿奶汁焗菜

44 巴斯克燉雞

45 蘆筍培根捲加水波蛋

46 越南炸春捲

48 奶油蕪菁紅蘿蔔

49 萵苣肉捲

50 志麻最愛的 奶黃布丁

PART 3

O家：父母&兩個女兒，四口之家

51 寶寶和媽媽都能吃的10道料理

54 3小時做好10道菜！
56 志麻教教我！
1 有沒有1到3歲的孩子都愛吃的飯菜呢？
2 有哪些大人和寶寶都能吃的主菜呢？
59 志麻最愛的 維希冷湯
60 馬鈴薯泥&布蘭德鱈魚馬鈴薯泥
62 法式馬鈴薯泥焗牛肉
63 鮭魚蔬菜湯
65 豬肉四季豆蓋飯／義大利通心粉蔬菜濃湯
66 西班牙海鮮飯／什錦泡菜
67 滿是蔬菜的烤肉餅
68 志麻最愛的 果醬優格

PART 4 I家：父母&兩兒一女，五口之家
69 保證讓餓扁的三兄妹滿意的10道料理
72 3小時做好10道菜！
74 志麻教教我！
1 專為孩子做的小點，如果也能順便拿來當正餐就好了……
2 我和先生都喜歡在晚上喝點小酒，想做些適合配酒的主菜或別樣小吃，該怎麼辦？
77 志麻最愛的 彩椒番茄濃湯
78 竹莢魚馬鈴薯沙拉
79 法式鹹派
82 油漬沙丁魚&義大利麵
83 巴斯克燉墨魚
84 法式烤豬肉
85 奶油煮春蔬
87 豆腐甜甜圈／馬鈴薯薄餅
88 志麻最愛的 草莓冰淇淋

PART 5 S家：父母&女兒，三口之家
89 夜晚9點後也能放心吃的10道健康料理
92 3小時做好10道菜！
94 志麻教教我！
1 晚回家時，為省事總想一鍋到底，但食材就那些，怎麼組合才好呢？
2 我喜歡邀請朋友、同事來家裡聚餐，想做些特別的飯菜招待大家，有什麼好主意嗎？
97 志麻最愛的 蘑菇培根濃湯

99 菠菜干貝／馬鈴薯燉豬肉
100 生火腿溫沙拉
101 羊肉古斯米
103 佩里戈爾沙拉
104 馬賽魚湯
105 鯷魚橄欖派
106 阿爾薩斯鮭魚蔬菜湯
108 志麻最愛的 糖煮李橙

PART 6 H家：父母&女兒，三口之家

109 便當配菜也絕配，超簡單的10道料理！
112 3小時做好10道菜！
114 志麻教教我！
1 如果早上能提前準備些晚餐要用的食材就好了，有沒有什麼好點子呢？
2 想輕輕鬆鬆做出法式家庭料理，有沒有什麼祕訣或技巧，才能做得更好吃呢？
117 志麻最愛的 玉米濃湯
118 青花菜義大利麵
119 椰奶咖哩雞
122 希臘風番茄燉蘑菇／泡菜煎豬排
123 什蔬蘸起司／西班牙煎蛋餅
125 番茄可樂餅／鰤魚烤小番茄
126 志麻最愛的 布列塔尼風蘋果蛋糕
127 掌握冷凍保存方法，有效留住美味

本書料理標準：

- 1大匙15毫升，1小匙5毫升。
- 加熱使用的功率為600瓦微波爐。
- 材料表中的數字為估計值，製作時請酌情調整份量。
- 蔬菜若無特殊標記，所介紹步驟均從清洗、去皮後開始。

回家後立馬想吃的10道大盤料理

PROFILE
媽媽：N・M小姐（46歲）
職業：護士
家庭成員：媽媽、兒子（12歲）

PART 1

「兒子12歲是個食欲旺盛的棒球少年，正值身體打基礎的年齡，很想讓他多吃點、吃好點，但最近我和孩子都有點發胖……」

我在法國留學時，被法國家庭料理那純樸的美味吸引，結婚生子後為家人做飯時，才漸漸意識到家庭法料營養注重均衡。漫步法國街頭，稍加留意就會發現大多數法國人體格魁梧，但少有肥胖之人。

法國人平時很能吃肉，不過都會搭配大量蔬菜進食。沙拉的話就會直接盛在大碗裡，擺到餐桌中央。做燉煮料理時，也會加入各種蔬菜。調味以鹽、胡椒粉為主，幾乎不怎麼用砂糖。在家裡吃飯時，也會像在餐廳點套餐一樣，有著先從蔬菜吃起的習慣。在大多數法國人看來，麵包並非「主食」，而更像是配角，他們從不會只靠麵

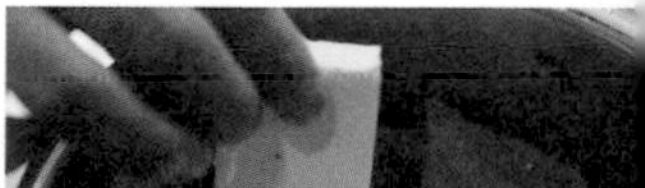

放入起司，萵苣濃湯的味道更香醇。

'M' FAMILY

廚房裡飄出好誘人的香味啊，肚子餓啦！

冰箱沒有多餘的存貨，乾淨整潔。

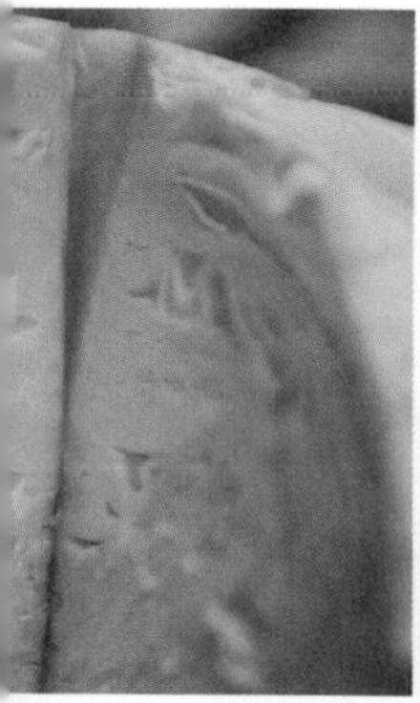

包填飽肚子。麵包頂多用來蘸食盤子裡剩下的湯汁，每餐一兩個切片就足夠了。

所以說，像這樣高蛋白、低醣、低碳水、多蔬菜的家庭法料，或許能為我們的健康飲食提供些啟發。

另外，把好幾種料理分別精心盛裝在小碗小碟裡，擺在大人面前，也許在下箸時可賞玩，但對正在長身體、食欲旺盛的孩子來說，就沒有耐心等待，一碗既有肉又有菜的燉煮料理反倒會更受歡迎。

這戶人家的媽媽每天都要上班，在職場中忙得團團轉，自然很消耗精力。所以，我想為兩人做些份量足夠又健康的料理，顧及孩子也能照顧到大人。

那就考慮一下吃不膩又健康的菜吧！

「有什麼高蛋白低糖質的健康飲食方法嗎？」

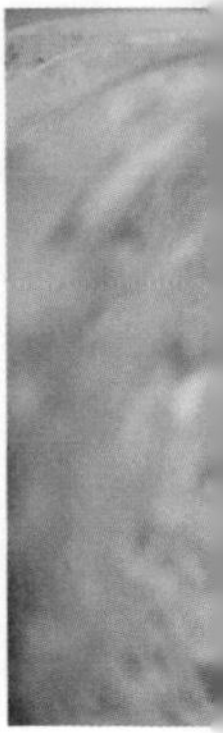

豆類、雞蛋、豬肉、雞肉、乳製品，都是優質蛋白來源。

奶油蘑菇雞 P.23

義式海鮮燴 P.26

培根蛋醬義大利麵 P.27

五彩時蔬沙拉 P.25

法式小蛋盅 P.28

3小時做好10道菜！

- 什錦豆煮香腸 » P.22
- 萵苣濃湯 » P.21
- 焦糖布丁 » P.30
- 法式炸豬排 » P.25
- 希臘千層茄盒 » P.28

下班後不想花太多時間去買菜，回家後想三兩下做好飯，該怎麼辦？

味道、份量都能讓人滿意的燉煮料理，想做時立馬就能做

豆類富含優質蛋白，素有「長在地下的肉」之稱，在法國人的餐桌上很常見。日本人大多會用醬油、砂糖來煮豆子，充當配菜或常備菜。但在法國家庭料理中，豆類作為主菜的配角常被拿來和肉一起燉湯，一次會用很多。

這次，我特意往豆子裡添加了孩子們愛吃的香腸，做成了一道主菜——「什錦豆煮香腸」（p.22）。先往什錦豆裡加入洋蔥、紅蘿蔔、卷心菜，再倒入高湯燉煮，快熟時放入香腸。市面上賣的什錦豆有罐頭、冷凍或真空袋等不同包裝，都是保存食品，打開後就能用，很方便。

高蛋白、低脂肪的雞胸肉很受人們青睞。奶油蘑菇雞（p.23）這道料理，哪怕晚到家也能快速做好。做法是，將雞肉放入平底鍋表面煎上色後，添入蘑菇，用高湯煮熟，出鍋時淋上一圈鮮奶油，就搞定啦！

無論做什麼料理，都要將食材切均勻，這點很關鍵。因為食材大小厚薄一致的話，過火均勻，口感更好。

不想花太多時間，想快速做好飯，可以理解！

義式海鮮燴（p.26）是一道義大利海鮮蒸煮料理。看似豪華，其實只要一口鍋開火煮10分鐘左右就能做好，比較忙時我在也常在家做。開小火，加入橄欖油、大蒜爆香，再依次放入魚、蛤蜊等海鮮，用鹽、胡椒粉調味，想提味的話，可以再放些鹽漬鯷魚、黑橄欖、酸豆等，也可直接放入小番茄煮。我這次用的是酸甜口味的烤小番茄乾，吃起來更可口，起鍋時加進去，也可以用市場賣的小番茄乾，但因為這種略微發硬，丟進鍋裡後需要多煮一會兒。

番茄罐頭方便實用，輕輕鬆鬆就可以讓味道更豐富，媽媽們做以上三道燉煮料理時，都可以根據自己的口味酌情添加，享受不同的風味。

沒問題！

家中常備耐放蔬菜、罐頭，並圍繞著它們來考慮菜餚。

雞胸肉煮久了會變得又硬又柴，所以要用大火快煮。

煮蔬菜時不要放鹽，保留蔬菜本身的鮮美味道。

孩子只吃肉，想讓他多吃些蔬菜，該怎麼辦？

趁燉煮的空檔，拌上一盤份量大、營養高的沙拉

五彩時蔬沙拉（p.25）出乎意料地能讓人不知不覺吃掉很多蔬菜，與鯖魚罐頭搭配，營養飆升，增加了蛋白質之外，味道也更豐富。這次我搭配了高麗菜、黃瓜、紅蘿蔔、青椒四種蔬菜，只放高麗菜的話也很好吃。大部分顧客都很愛點這道菜。橄欖油可用蛋黃醬代替，有酸酸的檸檬汁加入，沙拉吃起來不會覺得膩。

這道菜通常能保存兩三天，有顧客說放上一晚後第二天更入味，所以每次多做一點的話，享用時就比較省事。

雞蛋是常見的食材，蛋白質含量很高。在法國家庭料理中，除了熟悉的煎蛋捲，其他用雞蛋做的料理也數不勝數。若媽媽們想再添道簡單的菜，不妨試試法式小蛋盅（p.28）。

這次我放了菠菜、培根，也可以放青花菜、蘑菇、火腿等，或放自己喜歡的其他食材。雞蛋味道相對清淡，若是搭

五彩時蔬沙拉中加入鯖魚罐頭，營養滿分！用新鮮檸檬擠汁時，汁液份量會因檸檬大小、外皮的厚薄而異，食譜份量僅供參考，建議嚐一下味道，靈活調整用量。

茄子很能吸油，煎好後放在廚房紙巾上控一下油，茄子就不易軟塌。

MES FAVORIS
志麻最愛的湯品

‘potage’

萵苣濃湯

使用深綠色的萵苣，湯品顏色更鮮亮愉目

材料及做法〈4人份〉

萵苣 — 1個
起司 — 50~80克
油 — 適量
鹽、胡椒粉 — 各適量

1. 萵苣連莖帶葉切成塊，放入倒有油的鍋中，蓋上鍋蓋，開中火燜炒。剛開始鍋蓋不蓋緊也沒關係，中途用筷子翻攪，讓萵苣整體均勻沾上油分。
2. 萵苣炒軟後，添300毫升水，轉大火煮5分鐘，然後加入起司。
3. 用料理機將步驟2中的食材打至濃稠狀，用細網篩過濾一遍，再放入鍋中稍微煮開即可，中途放入鹽、胡椒粉調味。嚐下味道，若感覺味道不夠可再加點鹽，或撒些胡椒粉。

- 可冷藏2～3日。
- 可冷凍保存，冷凍、解凍方法請參照p.127。

沒問題！

配一種味道較重的食材，這道菜會更好吃。若有剩餘的燉煮料理，可倒入耐熱杯，再磕上一個雞蛋，做成法式小蛋盅，格外適合早上急匆匆上班的家庭。

就做一道和蛋白質搭配的營養沙拉吧！

份量滿分！營養滿分！

什錦豆煮香腸

材料及做法〈4人份〉

香腸 — 4~8根（大小可自由切分調整）
什錦豆（真空包裝）— 約150克
洋蔥 — ½個
紅蘿蔔 — ⅓根
高麗菜 — ⅛~¼個
培根（厚片）— 100克
白葡萄酒 — 100毫升
高湯塊 — 1個
油 — 適量
鹽、胡椒粉 — 各適量
月桂葉 — 1~2片
百里香 — 適量

1. 將所有蔬菜和培根均切丁。

2. 鍋中倒油，油熱後，放入洋蔥、紅蘿蔔，加少許鹽，用偏弱的中火將洋蔥炒至發軟；再加入高麗菜並炒軟後，加入什錦豆，倒入白葡萄酒，再加300毫升水；轉大火煮沸，撈去浮沫，再將月桂葉和百里香放入，丟入高湯塊；蓋上鍋蓋，用偏弱的中火煮10分鐘。

3. 待蔬菜整體煮軟後，將培根加進去均勻混合，放上香腸，蓋上鍋蓋再煮10分鐘。嚐味一下，根據個人口味，適量添加鹽和胡椒粉。

- 可冷藏4~5日。
- 可冷凍保存，冷凍、解凍方法請參照p.127。

用平底鍋做很簡單
快速燉煮，雞肉香嫩柔軟

奶油蘑菇雞

材料及做法〈4人份〉

雞胸肉 — 2塊
蘑菇(4種左右：香菇、洋菇、鴻喜菇、杏鮑菇等) — 各1盒
白葡萄酒(日本酒也可) — 100毫升
高湯塊 — 1個
鮮奶油 — 100毫升
鹽、胡椒粉(粗粒黑胡椒尤佳) — 各適量
橄欖油 — 適量

1. 在雞胸肉表面抹上足量的鹽和胡椒粉。將橄欖油倒入平底鍋，待油燒熱後，將雞肉放入（帶雞皮的一面朝下），把兩面均煎至金黃色。
2. 菇類均切大塊，放入步驟1中的平底鍋裡。倒入白葡萄酒，丟入高湯塊，蓋上鍋蓋，用偏強的中火蒸煮5分鐘左右，確保雞肉熟透。
3. 倒入鮮奶油略煮（A），嚐一下味道，若感覺味道不足可再加點鹽，也可根據個人口味再撒些胡椒粉。

A

倒入鮮奶油後，微煮即可。

- 可冷藏4～5日。
- 可冷凍保存，冷凍、解凍方法請參照p.127。

五彩時蔬沙拉

法式炸豬排

法式炸豬排

夾著火腿和起司的經典炸豬排
份量十足，濃香誘人

材料及做法〈4人份〉

豬里脊肉
（薑燒豬肉用，厚薄適中即可）— 8片
生火腿（普通火腿也可）— 4片
起司片（烤比薩用的起司絲也可）— 4片
麵粉 — 2大匙
雞蛋 — 1個
麵包粉 — 適量
鹽、胡椒粉、油 — 各適量
香芹 — 適量
檸檬 — 1個

1. 將火腿、起司（各1片）夾在兩片里脊肉裡，依次沾裹鹽、胡椒粉、麵粉、蛋液、麵包粉。

2. 平底鍋均勻淋上油，放入步驟1中的食材，用偏弱的中火耐心煎炸，煎好一面後，翻過來，再煎另一面。

3. 裝盤，點綴上香芹和切成幾瓣的檸檬。

MEMO 豬肉破損的話，起司加熱後就會溢出，既容易濺油，也會使風味流失，所以使用較厚的豬肉片比較保險。

- 可冷藏2～3日。
- 可冷凍保存，冷凍、解凍方法請參照p.127。

五彩時蔬沙拉

沙拉中拌入鯖魚罐頭，營養均衡

材料及做法〈4人份〉

鯖魚罐頭 — 1罐（190克）
高麗菜 — ⅙～¼個
黃瓜 — 1根
紅蘿蔔 — ½根
青椒 — 2個
檸檬 — 1個
橄欖油 — 2大匙
鹽 — ½～1小匙

1. 高麗菜、黃瓜、紅蘿蔔切絲，青椒豎著切成四等分後，再橫著切成條，統一放入碗中，撒上鹽，用手充分揉搓（A）後，靜置5～10分鐘。

2. 將步驟1中的食材用手擠乾水分，淋上檸檬汁（B）倒入橄欖油，混合均勻後，將鯖魚罐頭分成合適大小後放入並輕拌。

A
鯖魚罐頭的味道較重，用酸酸的檸檬汁中和沙拉，味道會更清爽。

B
蔬菜水分較多時，需要適當地加鹽。

- 可冷藏2～3日。
- 可冷凍保存，冷凍、解凍方法請參照p.127。

快手豪華主菜
烤小番茄乾
讓味道更濃郁

義式海鮮燴

材料及做法〈4人份〉

白身魚（鯛魚或鰈魚等）— 4 塊
烏賊 — 1 隻
蛤蜊 — 250~300 克
小番茄 — 8~10 個
蒜瓣 — 1 個
鹽漬鯷魚 — 2 個
酸豆（可不加）— 1 小匙
黑橄欖 — 8~10 粒
白葡萄酒（日本酒也可）— 150 毫升
橄欖油 — 適量
香芹碎末 — 適量
鹽、胡椒粉 — 各適量

1. 將小番茄對半切開，稍微撒些鹽，擺在用錫箔紙包好的烤盤裡，拍掉表層水分（A）後，用預熱 120 度的烤箱烤半小時左右（B），烘乾水分。

2. 用足量的鹽、胡椒粉將魚肉抹勻。將烏賊的觸手與身體分開，取出觸手裡的內臟後，把主幹切成 1.5 公分塊狀，觸手切成適合食用的大小，並清洗乾淨蛤蜊裡的沙子。

A

切口朝下，靜置10分鐘左右。

B

烤至整體起皺後便可取出。

3. 將蒜瓣一切為二後用刀身拍碎。鍋中倒入橄欖油，用小火將蒜爆香後，先放魚肉，再把烏賊、切碎的鯷魚、酸豆、蛤蜊、黑橄欖果擺在四周，倒入白葡萄酒，開大火煮，待鍋中無汁時蓋上鍋蓋，轉小火煮 5 分鐘左右。

4. 待蛤蜊口完全張開後，加入步驟 1 中烤好的小番茄乾。嚐一下味道，用鹽和胡椒粉適當調味。關火，撒上香芹碎末。

• 建議當天吃完。

材料及做法〈2人份〉

義大利麵 — 160 克
雞蛋 — 2 個
起司粉 — 適量
奶油 — 10~15 克
培根(厚片) — 80 克
蒜瓣 — 1 個
橄欖油 — 1 大匙
鹽、胡椒粉 — 各適量

培根的餘溫使蛋液黏稠
沒有鮮奶油「加持」
味道照樣濃郁

培根蛋醬義大利麵

1. 先將義大利麵煮熟。煮麵時需要放鹽，1 公升水大概配 2/3 小匙的鹽，只要麵汁喝起來覺得不錯就可以了。

2. 往平底鍋中倒入橄欖油，丟入切成兩半的蒜瓣，用小火炒香後，將切成細長條的培根放進去，輕輕翻炒。

3. 往碗中磕入雞蛋並打散，加入 4 大匙起司粉和奶油。舀 70 毫升的煮麵湯倒進去(A)，充分攪拌後，將步驟 2 中的食材全部放進去。

4. 義大利麵不要煮太軟，撈入步驟 3 中的平底鍋裡，與食材攪拌均勻。麵盛盤後會吸收水分，出鍋時帶點水也不要緊。嚐一下味道，若感覺味道不足可再加點鹽，也可根據個人口味撒些胡椒粉，最後均勻撒上起司粉。

A
加入一勺麵汁即可

• 現做現吃。

法式小蛋盅

往常見的食材中「啵」地打個雞蛋，簡單烘烤，一道滿溢幸福的菜就做好啦！

材料及做法〈4人份〉

菠菜 — 1把
培根或火腿 — 2片
雞蛋 — 4個
鮮奶油 — 4小匙
烤比薩用的起司絲（起司粉也可）— 適量
鹽、胡椒粉 — 各適量

1. 菠菜簡單汆燙，擠乾水分，切成2公分長段，撒上鹽、胡椒粉。培根切成細長條，和菠菜拌勻後，分別盛入4個小的耐熱器皿中，再各打入1個雞蛋，倒入鮮奶油，撒上起司粉。

2. 用500瓦的烤麵包機或預熱180度的烤箱烘烤10分鐘左右，待蛋黃半熟時即可取出。

• 建議當天吃完。

希臘千層茄盒

番茄、茄子加優格
希臘風奶汁焗菜登場

材料及做法〈使用20×20×5公分耐熱器皿〉

混合碎肉 — 250克
洋蔥 — ½個
長條茄子 — 5～8根
蒜瓣 — 1個
番茄罐頭 — 1罐（400克）
番茄醬 — 2大匙
伍斯特醬 — 1大勺
油 — 適量
原味優格 — 200毫升
鮮奶油 — 100毫升
高湯塊 — 1個
比薩用的起司絲 — 適量
鹽、胡椒粉 — 各適量

1. 將優格倒在細網篩裡瀝乾水分（A）。瀝水時間會因品牌不同而略有差異，一般30分鐘就可以。將份量大概減到一半的脫水優格和鮮奶油混合均勻。

2. 平底鍋裡倒油，開小火翻炒切碎的蒜瓣及洋蔥，撒少許鹽，將洋蔥炒至發軟。添入碎肉，轉大火將肉炒至上色後，倒入番茄罐頭、200毫升的水、番茄醬、伍斯特醬、高湯塊，轉小火燉20～30分鐘，中途不用蓋鍋蓋。嚐一下味道，若感覺味道不足可再加點鹽，也可根據個人口味撒些胡椒粉。味道略重的話會更好吃。

3. 將茄子豎著切成薄片，放入倒有油的平底鍋，把兩面分別煎熟鋪在廚房用紙上吸一下油分。

4. 將步驟2、3、1中的食材依次放入耐熱器皿，最後盡量將1中的脫水優格抹勻。撒上足量的起司碎末，用烤魚架或烤麵包機將表層烤至金黃色。

A
用濾篩充分瀝乾水分很關鍵。

• 可冷藏2～3日。
• 可冷凍保存，冷凍、解凍方法請參照p.127。

希臘千層茄盒

法式小蛋盅

MES FAVORIS
志麻最愛的甜點

'dessert'

焦糖布丁

焦糖味布丁，一口平底鍋就能輕鬆搞定

材料及做法

〈4個200毫升耐熱杯的份量〉

雞蛋 — 1個
生蛋黃 — 3個
牛奶 — 400毫升
砂糖 — 80克

鋪一張廚房紙巾，可防止杯子滑動。

A

• 可冷藏2～3日。

1. 將砂糖放入鍋中，倒入適量水（2小匙），使砂糖整體浸潤，開中火慢熬。待起小泡且變為茶色後，把鍋從火上拿下來，慢慢倒入200毫升牛奶，邊倒邊攪拌。倒完後，把鍋放回火上，加入剩餘的牛奶、充分攪拌、以不沸騰的狀態繼續加熱。

2. 將雞蛋、生蛋黃全都放入碗中打散，將步驟1中的液體趁熱少量分次混合進去（有細網篩的話盡量過濾一遍），最後盛入杯中。

3. 往平底鍋中鋪一張廚房紙巾（A），擺入耐熱器皿，倒入剛好夠平底鍋2/3深的熱水。這時既可給平底鍋蓋上鍋蓋，也可用錫箔紙蓋好，然後用剛好使熱水微微波動的火量，蒸煮15分鐘左右。最後敲敲杯子查看加熱狀態，若內部無太大晃動，即可出鍋。

11道孩子保證不挑食的營養滿分料理

PROFILE
媽媽：Y．E小姐（38歲）
職業：設計事務所職員
家庭成員：爸爸（40歲）、媽媽、兒子（7歲）、女兒（3歲）

PART 2

「7歲兒子嚴重挑食，能吃的東西沒幾樣，害我每次做飯都『壓力山大』。」

挑食的孩子並不是任性或調皮，而是對味道和氣味比別人更敏感。

在日本家庭料理中，大多數蔬菜在調製時都只是稍微汆燙或簡單料理，盡量保持蔬菜的新鮮和原有的口感。可是，大人覺得蔬菜正是擁有獨特的味道或苦澀才好吃的想法，孩子未必能理解。

而在法國家庭料理中，蔬菜通常是慢慢燉煮，除掉青澀味，使其更甘甜。蔬菜煮得軟軟的，再打成蔬菜泥或做成濃湯，讓孩子從小就吃，養成習慣，所以法國小朋友很少有討厭吃蔬菜的。

顧客家裡如果有不喜歡吃蔬菜的孩子，我就會用一大鍋水將蔬菜好好煮一番，或是做成燉煮料理。有時還會用到另外兩種方法：一種是把孩子

將麵糊用細網篩過濾一遍的話，布丁的口感更順滑。

'E' FAMILY

從院子裡就能望到電車的家。一家人迫不及待地等著香噴噴的飯菜出鍋～

冰箱裡裝得滿滿的，看來這家的父母喜歡做飯，也愛吃美食。

不喜歡吃的蔬菜拌到他最愛吃的料理中，另一種是將蔬菜調製成孩子喜歡的口味。舉個例子，如果孩子討厭吃菠菜，那麼我就把菠菜切碎，加到孩子偏愛的烤肉餅裡，這樣孩子就能吃得很香。孩子喜歡吃咖哩飯的話，我在炒菜時就會撒點咖哩粉調味，結果孩子就會很主動地吃起了蔬菜。這位顧客家裡有兩個孩子，我嘗試了一些讓蔬菜更好吃的烹飪方法，總共做了11道料理。

在我家，只要有時間，我和丈夫都會讓孩子參與做飯。如果是自己幫忙做的食物，那麼孩子似乎就更願意吃。我們很想讓孩子們體驗到自己動手做飯並開心享用的樂趣。

想除掉蔬菜的青澀味，有很多種方法哦！

「有沒有什麼好點子，能把孩子討厭的食物變成喜歡的呢？」

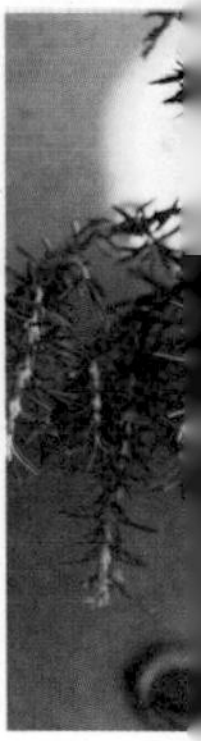

綠葉蔬菜還真不少，那就多多利用吧！做成什麼樣的料理，孩子才肯大口吃菜呢？

將孩子不愛吃的蔬菜，用大鍋水煮得軟軟的，惹人不快的味道就會消失。

萵苣肉捲
» P.49

越南炸春捲
» P.46

白菜火腿奶汁焗菜
» P.43

香草沙丁魚馬鈴薯捲
» P.43

蘆筍培根捲加水波蛋
» P.45

3小時做好11道菜！

法式蔬菜沙拉 » P.41

巴斯克燉雞 » P.44

紅蘿蔔濃湯 » P.39

田園蔬菜湯 » P.40

奶黃布丁 » P.50

奶油蕪菁紅蘿蔔 » P.48

孩子最討厭吃蔬菜，沙拉、炒菜一口也不肯吃，該怎麼辦？

讓蔬菜充分吸收湯汁

白菜火腿奶汁焗菜（p.43）中用的白菜，和高湯塊一起用水煮軟，就不會殘留任何菜味。法國料理中有一道菊苣奶汁焗菜，菊苣和白菜很像，這次我便把菊苣換成了白菜，待葉子充分吸收湯汁變軟後，捲上孩子最愛吃的火腿，做成焗菜。

萵苣肉捲（p.48）也是一樣，湯汁飽滿又軟又薄的萵苣，和厚實的高麗菜相比，蔬菜的青味和存在感都不是很強，孩子相對容易接受。

孩子在吃東西時總是會根據眼睛看到的第一印象去判斷是否好吃。大多數孩子都喜歡吃奶汁焗烤、油炸食物等。做這類料理時，我會多放些蔬菜，或是改變一下料理的外觀，孩子就會吃很多。在做越南炸春捲時（p.46），我就試著放了各種蔬菜，還特別準備了孩子們愛吃的番茄醬。

白菜、高麗菜裡外層的葉子在口感、顏色上相差較大，豎著切成兩半或四等分，裡外葉子一起用的話，味道和色澤會更豐富。

法國家庭料理中的蔬菜都煮得很熟，沒有青味或苦味，孩子吃起來就不會排斥。

沒問題！

法國人在做燉煮料理或湯時，都會先用油把蔬菜好好炒一下。這時如果撒點鹽，蔬菜的水分就會被「逼」出來，不愉快的味道也會跟著消失，最後只剩下甜味。

我在田園蔬菜湯（p.40）裡放了很多常見的蔬菜，將蔬菜炒過後慢慢燉成湯，誘人的香氣氤氳在整個廚房中，和日本料理製作出汁時飄出的淡淡香味相似，無不惹人心醉。這種療癒身心的美味料理，孩子們也會喜歡。

巴斯克燉雞（p.44）中，我也用了很多炒過後甜味翻倍的蔬菜，如洋蔥、彩椒等，再放入香嫩的雞肉，美味翻倍。

做奶油蕪菁紅蘿蔔（p.48）時，我用一大鍋水將兩種塊莖蔬菜煮得很軟，蔬菜自帶的特殊味道不再凸顯，快出鍋時加入奶油，風味微甜，誘人食慾。

孩子不喜歡吃蔬菜，大多是因為蔬菜有股特殊的味道，掌握一些去菜臭味的方法便能迎刃而解。

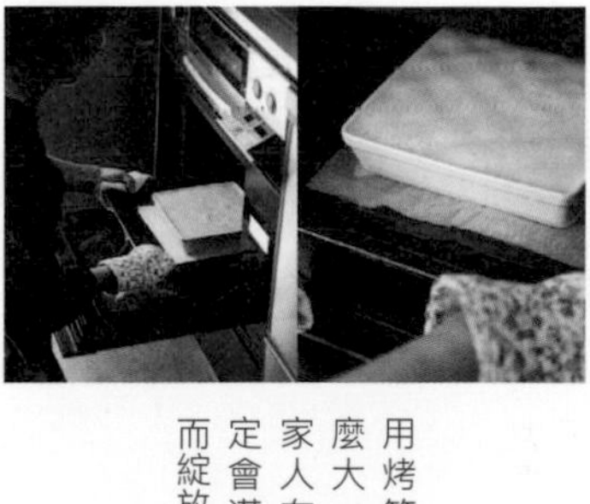

用烤箱竟然能烤這麼大一塊布丁！一家人在看到時，肯定會滿臉驚喜，繼而綻放幸福笑容。

好想讓全家人更開心地吃飯

讓孩子享受做飯的樂趣，輕鬆解決挑食問題

職場媽媽若想解決孩子挑食的難題，除了可以靈活調整烹飪方法外，還可以在吃法上花點小心思。

比如，在做壽司、御好燒（日式烤煎餅）等料理時，媽媽可以把食材端到餐桌上，讓孩子親自挑選喜歡的食材，試著動手捲或烤，如此一來，孩子可能會覺得有趣，有時哪怕是嘴上說不喜歡吃的蔬菜，也能吃得很香。

蘆筍培根捲（p.45），就是用培根捲熟蘆筍，再加上一顆溫泉蛋。半熟蛋黃相當於蘸食蘆筍的醬汁，用筷子戳開後，濃厚黏稠的蛋黃瞬間流淌而出，孩子也會雀躍不已。

法式蔬菜沙拉（p.41）是法國人常做的一道生鮮蔬菜拼盤。將各種蔬菜拌入混合調味料後裝盤，讓孩子自由挑選吃什麼，這是不是也很有意思呢？

哪怕孩子只挑著吃一樣，媽媽們也要記得及時表揚，孩子得到讚賞，自然而然會胃口大增。

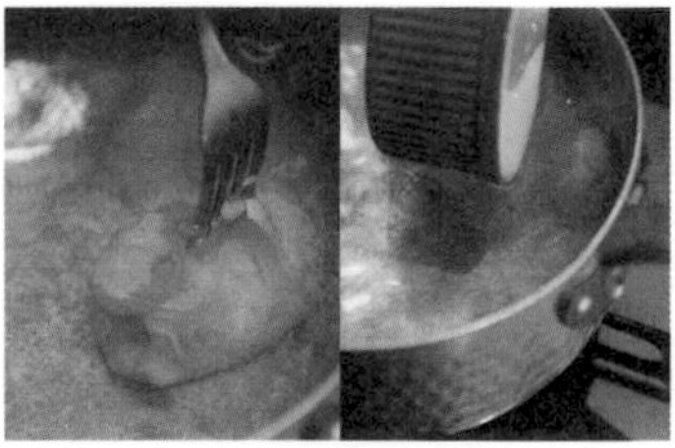

往開水「噗咕噗咕」翻滾的地方，打入雞蛋。

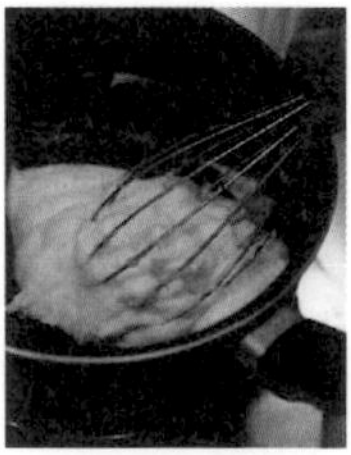

製作白菜火腿奶汁焗菜的白汁醬，待麵粉和奶油攪至綿滑後，再倒入牛奶。

MES FAVORIS
志麻最愛的湯品

‘potage’

紅蘿蔔濃湯

煮熟的紅蘿蔔格外香甜

材料及做法〈4人份〉

紅蘿蔔 — 2根	牛奶 — 300～400毫升
洋蔥 — 1個	奶油 — 15克
高湯塊 — 1個	鹽、胡椒粉 — 各適量

1. 將紅蘿蔔下切成薄薄的圓片，洋蔥也切薄片。 鍋中放人奶油，融化後倒入洋蔥，撒少量鹽，用偏弱的中火炒軟後，添入紅蘿蔔繼續好好翻炒。

2. 倒入剛好淹過食材的水，煮沸撈去浮沫，放入高湯塊，煮20分鐘左右。

3. 將紅蘿蔔煮至用筷子能夠輕鬆戳透的狀態。待水分蒸發後，先倒入200毫升牛奶，用料理機或攪拌機打至濃稠狀，剩下的牛奶可依個人喜好加入來調節稀稠。用細網篩過濾一遍，口感更綿軟順滑。最後再次煮開，嚐一下味道，若感覺味道不夠可再加點鹽，也可根據個人口味撒些胡椒粉。

MEMO 步驟2中，食材煮軟前若水乾了的話，另添些水繼續煮。

- 可冷藏2～3日。
- 可冷凍保存，冷凍、解凍方法請參照p.127。

沒問題！

香草沙丁魚馬鈴薯捲（p.43）圓滾滾的造型非常可愛，讓人不禁想偷偷捏一顆球丟進嘴裡……很多人可能會驚訝：沙丁魚和馬鈴薯搭嗎？其實兩者是食性相宜的「黃金搭檔」，配上烤得金黃酥香的麵包粉，好吃到停不下來。

一起動腦筋做些讓餐桌時光更愉快的料理吧！

蔬菜充分翻炒
誘發自身的甘甜

田園蔬菜湯

材料及做法〈4人份〉

白菜 — ⅛個
洋蔥 — 1個
紅蘿蔔 — ½~1根
蓮藕段 — 10公分
白蘿蔔段 — 5公分
培根（切片）或香腸 — 1袋
高湯塊 — 2個
鹽、胡椒粉 — 各適量
油 — 適量

1. 將白菜梗、洋蔥、紅蘿蔔、蓮藕、白蘿蔔切成丁，白菜葉切成稍大的碎片。

2. 鍋中倒油後放入洋蔥，撒少量鹽再開偏弱的中火翻炒（A）。加入紅蘿蔔、蓮藕和白蘿蔔，轉弱火翻炒後再添入白菜，炒至葉子發軟。

A

洋蔥加鹽好好翻炒，甜味會被激發出來，成為味道的基礎。

3. 倒人充分淹過蔬菜的水，開大火煮沸，撇去浮沫，放入高湯塊，轉中火煮20分鐘左右（以水面輕沸為準），不用蓋鍋蓋。中途若因水分蒸發而蔬菜露出，另適量添水。

4. 最後加入切成1公分寬的培根，煮開即可。嚐一下味道，若感覺味道不足可再加點鹽，也可根據個人口味撒些胡椒粉。

- 可冷藏2～3日。
- 可冷凍保存，冷凍、解凍方法請參照p.127。

材料及做法〈4人份〉

紅蘿蔔 —— 2根	檸檬 —— 1個
芹菜 —— 2根	橄欖油 —— 4大匙
蕪菁 —— 2個	蛋黃醬（也可用沙拉醬）—— 2大匙
小番茄 —— 8個	砂糖 —— 2小匙
香芹碎末 —— 適量	醋 —— 1小匙
鹽 —— 適量	

1. 紅蘿蔔切絲，撒入半匙到1小匙的鹽，用手充分揉拌，靜置5～10分鐘（A）。擠乾淨水分後，淋上半顆的檸檬汁和橄欖油，再攪拌均勻。

2. 芹菜切絲，撒入半匙到1小匙的鹽，用手充分揉拌，靜置5～10分鐘。擠乾淨水分後，淋入剩餘的檸檬汁和蛋黃醬，攪拌均勻。

3. 蕪菁一分為二後再切片，撒入半匙到1小匙的鹽，用手充分攪拌，靜置5～10分鐘。擠乾淨水分後，加入糖和醋，攪拌均勻。

4. 疏菜裝盤，點綴上對半切開的小番茄和香芹碎末。

A

用手充分揉拌「逼」出紅蘿蔔的水分，調味料比較容易入味。鹽量需要根據蔬菜水分靈活調整，水分大時要相應多放些鹽。

• 可冷藏2～3日。

法國人家庭餐桌上
必不可少的蔬菜沙拉

法式蔬菜沙拉

白菜火腿奶汁焗菜
香草沙丁魚
馬鈴薯捲

白菜火腿奶汁焗菜

浸滿湯汁的白菜葉捲上火腿
味道軟嫩鮮美

材料及做法〈4人份〉

白菜 — ¼ 個
火腿 — 8 片
高湯塊 — 2 個
烤比薩用的起司絲 — 適量
鹽、胡椒粉 — 各適量

白醬
牛奶 — 400 毫升
麵粉 — 40 克
奶油 — 40 克

1. 將白菜豎著切成兩半，連根一起放入鍋中，加入200毫升水及高湯塊，蓋上鍋蓋蒸煮（A）。中途嚐一下湯的味道，若感覺味道不足可再加點鹽，也可根據個人口味撒些胡椒粉。

2. 待白菜葉吸足水分變軟後取出。取出菜心，去根，分剝葉子，將大小葉子組合搭配為8等分。每等分的葉子分別展開並疊起來，把火腿放在裡面，從較硬的一端開始捲起，捲成圓柱狀。

3. 製作白汁醬。將奶油放入鍋中再開小火融化，放入麵粉，轉中火，用打蛋器邊攪邊加熱。待麵粉和奶油融為一體後（無粉狀），先加1/3的牛奶，充分攪拌直到沒有疙瘩。之後將剩餘的牛奶分2～3次加入，每次徹底攪拌，最後加熱至「噗哧噗哧」冒泡狀態。

4. 將步驟2中的食材擺入烤盤，倒入白汁醬，撒上足量起司絲，用預熱250度烤箱烘烤5分鐘左右，表面烤出漂亮的金黃色後即可端出。

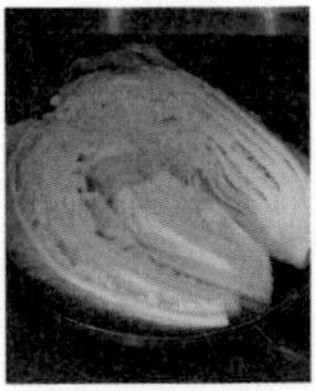

A

生白菜比較佔空間，剛開始鍋蓋沒蓋緊也沒關係，受熱後葉子會自動收縮。

香草沙丁魚馬鈴薯捲

沙丁魚連烤兩次，香氣四溢

材料及做法〈4人份〉

沙丁魚— 12 條
馬鈴薯 — 2 個
蛋黃醬 — 2 大匙
麵包粉 — 3 大匙
蒜瓣 — 1 個
香芹碎（普紫蘇也可）— 適量
橄欖油 — 適量
鹽、胡椒粉 — 各適量

1. 馬鈴薯帶皮洗淨放入耐熱器皿，裹上保鮮膜，用600瓦微波爐加熱5～6分鐘，中途翻動幾次，確保均勻受熱，將整體烤軟。趁熱去皮，用叉子等搗碎，撒些鹽、胡椒粉，加入蛋黃醬攪拌均勻，揉成12個馬鈴薯泥丸。

2. 將沙丁魚兩面抹上足量的鹽、胡椒粉（A），魚皮朝外，將步驟1中的馬鈴薯丸放在裡面，捲起來，最後用牙籤固定。放在預熱200度的烤箱托盤上，烘烤10分鐘左右，確保魚肉烤熟。

3. 將麵包粉、蒜末、香芹碎末混在一起，撒在魚肉捲上。淋上一圈橄欖油，再用預熱250度的烤箱烘烤5分鐘左右，待麵包粉烤成金黃色後即可端出。

A

沙丁魚抹上足夠的鹽提前烘烤一番的話，就能有效去除魚腥味。

- 可冷藏2～3日。
- 可冷凍保存，冷凍、解凍方法請參照 p.127。

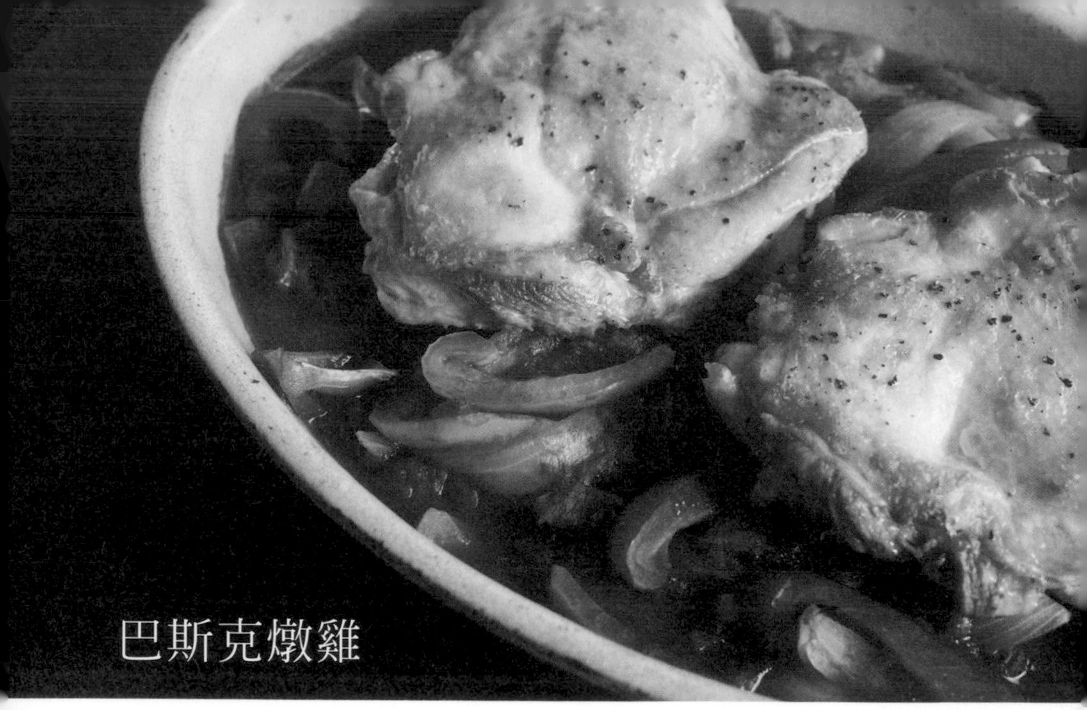

巴斯克燉雞

香嫩的燒雞肉搭配番茄、青椒燉煮的濃湯，成就一道簡單素雅的傳統料理

材料及做法〈4人份〉
雞腿肉 — 2塊
洋蔥 — 1個
紅、黃彩椒 — 各1個
青椒 — 2個
蒜瓣 — 1個
番茄罐頭 — 1罐（400克）
白葡萄酒（日本酒也可）— 100毫升
高湯塊 — 1個
月桂葉 — 1~2片
鹽、胡椒粉、橄欖油 — 各適量

1. 洋蔥切成弧形，彩椒和青椒豎著切成0.7~0.8公分寬的長條，蒜瓣切成兩半。雞肉均勻抹上足量的鹽、胡椒粉。

2. 平底鍋裡倒油，大火燒熱後，放入雞肉，將兩面煎至酥黃後取出。

3. 用煎雞肉的鍋直接炒步驟1中的食材（A）。倒入番茄罐頭、白葡萄酒，大火煮沸，撈去浮沫，丟入高湯塊、月桂葉。蓋上鍋蓋，中火燉煮5分鐘左右。拿掉鍋蓋，轉大火煮10分鐘左右，收汁。嚐一下味道，若感覺味道不足可再加點鹽，也可根據個人口味撒些胡椒粉。

A
煎雞肉時黏留在鍋底的肉汁精華不要浪費，放入洋蔥翻炒。

4. 將步驟3中的食材盛入烤盤，把步驟2中的雞肉擺在最上面，蓋上一張錫箔紙，預熱200度烤箱烤20分鐘左右。用竹籤戳下雞肉，查看烘烤狀態，若淌出的肉汁為透明色，即可端出。

- 可冷藏2~3日。
- 可冷凍保存，冷凍、解凍方法請參照p.127。

半熟的蛋黃緩緩流淌，誘人食欲

蘆筍培根捲加水波蛋

材料及做法〈4人份〉

蘆筍 — 8根
培根（切片）— 8片
雞蛋 — 4個
鹽 — 1小撮
醋 — 2~3大匙
黑胡椒粉、起司粉 — 各適量
油 — 少許

1. 製作溫泉蛋。鍋中添水煮沸，放入鹽、醋。先往碗裡打一個雞蛋，再朝著鍋中冒泡的地方輕輕滑進去。借助沸騰的水勢及時用叉子攏合蛋白（A），使蛋白裹住蛋黃。煮兩分鐘後，蛋白逐漸凝固，用勺子撈出，放進涼水冷卻，其他3個雞蛋也照此製作。
2. 蘆筍微煮（B），捲上培根。
3. 平底鍋中倒油，放入步驟2中的培根捲，開大火將表面快速煎上色，和溫泉蛋一同裝盤。可根據個人口味撒些黑胡椒粉或起司粉。

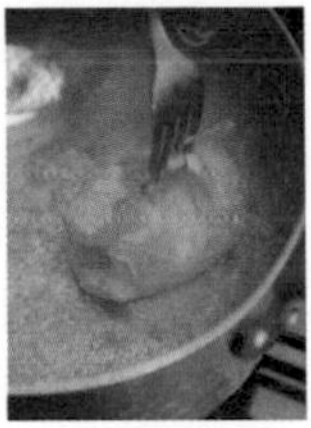

A

「咕嘟咕嘟」的沸水易沖散蛋白。

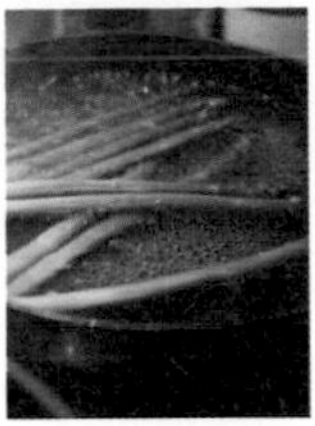

B

蘆筍直接使用，不用切段。

- 可冷藏4~5日。
- 可冷凍保存，冷凍、解凍方法請參照p.127。

醬汁做兩種
專門為孩子準備了不辣的醬汁

越南炸春捲

材料及做法〈容易操作的份量〉

豬肉末 — 150克
蝦仁 — 約100克
青椒 — 1~2個
鴻喜菇 — 1袋(約100克)
豆芽菜 — 1袋(約100克)
雞蛋 — 1個
春捲皮 — 10張
鹽、胡椒粉— 各適量
麵粉 — 適量(黏春捲皮用)
油 — 適量
搭配生蔬菜(紅葉萵苣、薄荷葉、香菜等) — 各適量

大人用醬汁

甜椒醬 —— 2大匙
魚露(醬油也可) —— 1大匙
檸檬汁 —— ½個檸檬的量
蒜末—— 1個蒜瓣的量

孩子用醬汁

蛋黃醬 —— 2大匙
番茄醬 —— 1大匙

1. 用刀將蝦仁拍碎,將青椒、鴻喜菇、豆芽菜切末,放入碗中,倒入豬肉末再打入雞蛋,撒上鹽、胡椒粉,用手充分攪拌。

2. 用春捲皮包裹步驟1中的肉餡(A),收尾時抹上麵糊合緊。

3. 平底鍋裡倒油加熱,將步驟2中的春捲收尾處朝下擺放,用偏弱的中火煎炸。油量淹過春捲1/3即可。中途勤翻動,確保食材內部熱透,表面炸至金黃色後取出。

4. 兩種醬分別拌勻,用生鮮蔬菜夾著春捲蘸取醬汁享用。

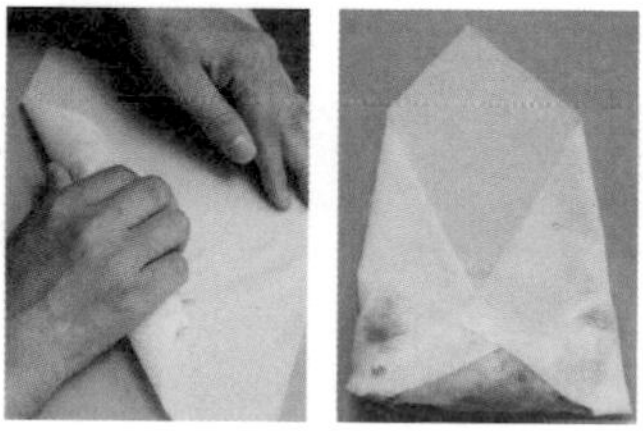

A

起初先捲一道後,用手指按壓一下肉餡,將春捲皮兩端裹進去,然後繼續捲完。

- 可冷藏2~3日。
- 可冷凍保存,冷凍、解凍方法請參照p.127。

4. 將萵苣葉剝開、大小葉子組合搭配為8等份，展開後包入步驟3中的肉丸。擺入平底鍋，將剩下的紅蘿蔔、竹筍切成適合食用的大小，放在鍋中的空隙處。加入正好淹過食材的水，放入高湯塊。蓋上鍋蓋，開火，沸騰後轉小火煮半小時。最後添入切成3公分寬的培根，再稍微開火加熱。嚐一下味道，若感覺味道不足可再加點鹽或胡椒粉。

- 可冷藏4～5日。
- 可冷凍保存，冷凍、解凍方法請參照p.127。

用一大鍋水好好燉煮是關鍵

奶油蕪菁紅蘿蔔

材料及做法〈4人份〉

紅蘿蔔 — 1根
蕪菁 — 1個
砂糖 — 2大匙
奶油 — 15克

1. 將紅蘿蔔切成條狀，蕪菁切成月牙狀，大小儘量一致。
2. 將紅蘿蔔放入鍋中，添入約紅蘿蔔體積3倍的水，倒入砂糖，開中火燉煮，以水面微滾的火勢為宜。
3. 待水分減少，紅蘿蔔表面露出後，加入蕪菁塊繼續煮。水分完全蒸發後，關火，放入奶油，利用餘熱融化，同時拌裹食材。

- 可冷藏2～3日，紅蘿蔔可冷凍。
- 可冷凍保存，冷凍、解凍方法請參照p.127。

綿軟的萵苣加軟糯的肉餡，鮮香可口

萵苣肉捲

材料及做法〈4人份〉

萵苣——1個
混合碎肉——300克
紅蘿蔔——1根
四季豆——6~8根
香菇——2個
水煮竹筍——約100克
雞蛋——1個
麵包粉——4大匙
牛奶——5大匙
高湯塊——1~2個
培根（切片）——4片
鹽、胡椒粉——各適量

A 烤至表面發軟即可，萵苣內部利用餘熱即可熱透。

1. 將整個萵苣用保鮮膜塞好，放進微波爐加熱至發軟（A）。600瓦功率的微波爐烤3~4分鐘。

2. 將1/3的紅蘿蔔、四季豆、香菇切成末，竹筍下方較硬的部分同樣切碎，並從硬的菜開始，依次煮熟。

3. 將步驟2中的蔬菜和混合碎肉、雞蛋、麵包粉、牛奶均放入碗中，撒上鹽、胡椒粉，用手好好攪拌後，揉成8個肉丸。

MES FAVORIS
志麻最愛的甜點

'dessert'

奶黃布丁

超大的烤布丁可用烤箱來做！

材料及做法〈20×20 公分的模具〉

雞蛋 — 4個
生蛋黃 — 1個
牛奶 — 500毫升
砂糖 — 50克
香草精（可不加）— 少許

焦糖液
砂糖 — 60克

A 用細網濾篩過濾一遍，口感更順滑。

B 鋪一張廚房紙巾，可防止液體濺入模具。

• 可冷藏2～3日。

1. 製作焦糖液：烤箱預熱 180 度，將砂糖倒入小口鍋，加少量水（1 小匙），讓全部砂糖潤濕即可，不要有多餘的水，開中火加熱。待冒出小泡且變為茶色後，關火，再加入1小匙水，趁熱倒入模具。

2. 將牛奶、砂糖放入鍋中，開中火，讓砂糖充分融化，加熱至沸騰。

3. 將雞蛋、生蛋黃放入碗中攪勻，將步驟 2 中的材料趁熱加進去，充分攪拌，滴入香草精，倒入盛有焦糖液的模具（A）。

4. 在烤盤上鋪一張廚房紙巾，放入模具，倒上些熱水（B）在烤盤裡，烘烤 20～30 分鐘。最後輕敲幾下模具，內部若無太大晃動即可端出。

MEMO 蛋糊中牛奶和砂糖的比例，以本食譜中100毫升牛奶配10克砂糖為參考標準。第一次做可以按照份量來，避免味道出錯，之後熟能生巧，可以按照個人口味靈活調節砂糖份量。

寶寶和媽媽都能吃的10道料理

PROFILE

媽媽：H．O小姐（32歲）

職業：團體職員

家庭成員：爸爸（37歲）、媽媽、大女兒（3歲）、小女兒（不到1歲）

PART 3

「去幼稚園接孩子回家後，先給大女兒做點東西墊墊胃，再給小女兒準備副食品，最後才輪到兩個大人吃飯……」

法國人一般不會專門為孩子準備副食品，一個重要的原因就是，大多數法國家庭料理對大人和孩子都適宜。

烤肉或煎魚的配菜通常不用怎麼調味，只是煮軟一點，裝盤後蘸鹽或沾醬吃，孩子自己可以調整醬汁的量。

在所有配菜中，我最想為有寶寶的家庭推薦的便是馬鈴薯泥。它在法國料理中經常亮相。在法國大眾餐廳吃飯時，不管主菜是魚或肉，所有顧客的盤中都少不了一大份馬鈴薯泥，這讓我很驚訝。大人盤中的馬鈴薯泥也可以直接餵離乳期的寶寶。

'O' FAMILY

每天為兩個孩子做飯很辛苦，媽媽也想坐下來慢慢吃頓飯……

馬鈴薯泥&布蘭德鱈魚馬鈴薯泥，都能當副食品。

冰箱囤貨充足，但用不完也好煩惱……

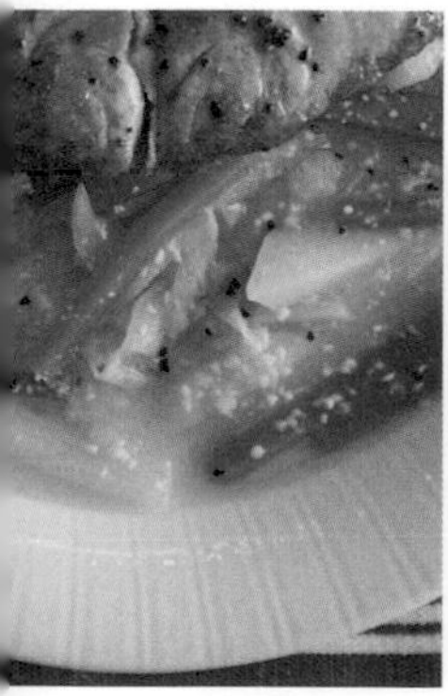

鮭魚的配菜煮得又軟又甜，離乳期的寶寶也可以吃。

法國家庭常做的燉煮料理，營養均衡，肉和菜都被煮得很軟，深受老人和孩子喜愛。蔬菜煮透的話，內在的甘甜就會被激發出來，特殊的味道也會消失，不但離乳期的寶寶可以吃，連開始挑食的孩子也能吃得很香。

寶寶的飯菜，媽媽們可以將食材切成小塊，在大人的飯菜快要做好時先盛出來一些，把味道調淡一點比較好。若寶寶處於離乳期，媽媽們可以循序漸進地給寶寶餵些煮爛的米湯；待寶寶會咀嚼時，媽媽們可以將煮熟的食材盛到碗中，用叉子或勺子壓碎後再餵食。

大人和小孩吃同樣的飯菜，負責做飯的媽媽會輕鬆很多！

「有沒有一次全都做好、一家人都能吃的料理呢？」

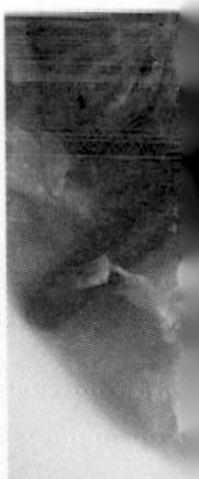

馬鈴薯堪稱副食品的「救星」，有馬鈴薯，媽媽們就無須犯愁。這家的媽媽想讓孩子多吃點魚肉。

三口瓦斯爐全都派上用場。

西班牙海鮮飯
P.66

維希冷湯
P.59

馬鈴薯泥 & 布蘭德鱈魚馬鈴薯泥
P.80

滿是蔬菜的烤肉餅
P.67

法式馬鈴薯泥焗牛肉
P.62

3小時做好10道菜！

豬肉四季豆蓋飯
P.65

鮭魚蔬菜湯
P.83

果醬優格
P.68

義大利通心粉蔬菜濃湯
P.65

什錦泡菜
P.66

有沒有1到3歲的孩子都愛吃的飯菜呢？

製作簡單，還能搭配其他食材的馬鈴薯泥

首先，媽媽們試著做一下最基本的馬鈴薯吧！材料僅需三種：馬鈴薯、牛奶、奶油。將馬鈴薯煮熟，邊搗碎邊拌入奶油，最後加入牛奶稀釋，馬鈴薯泥就做好啦！我家的寶寶從離乳期就開始吃。奶油能讓馬鈴薯泥的味道更濃郁，如果孩子不喜歡奶油的味道，馬鈴薯泥中不加奶油也沒關係，倒入牛奶後略微煮開即可。

基本份量就是3顆馬鈴薯配15克奶油、100毫升牛奶。馬鈴薯大小不一時，媽媽需要靈活調整牛奶的份量。馬鈴薯，我常會用「五月皇后」這一品種，它既濕潤且有黏性，用它做出來的馬鈴薯泥口感綿軟柔滑。

馬鈴薯泥好吃的關鍵是要將馬鈴薯煮軟，把熱水倒掉後直接在鍋裡壓碎，若用細網篩再過濾一遍，口感更細膩，食譜會在第60頁介紹。

番茄罐頭在做料理時常用到，像燉煮料理、湯、義大利麵等，家中常備的話會比較方便。

每位顧客家裡微波爐、烤箱的加熱力度各有差異，每次使用時，我會用眼睛觀察確認食材的狀態。

沒問題！

馬鈴薯泥非常適合做副食品還能做成其他料理。

根據寶寶的成長情況或口味偏好，還可以在馬鈴薯泥中拌上一些其他食材，像煮得軟爛的菠菜、紅蘿蔔，或是加些小塊白身魚肉等等。其中最具代表性的，便是法式馬鈴薯泥焗牛肉（p.62）。這道經典法國家庭料理，在我家餐桌上也常露面。我去顧客家裡做飯時，有小孩子的家庭經常會請我做這道菜。如果寶寶正處於離乳期，那麼只餵馬鈴薯泥即可。

這道料理還有一個好處：番茄牛肉、馬鈴薯泥都能冷凍保存。每次多做一些放起來，做飯時間比較緊時媽媽們可拿它「救急」。媽媽們往番茄牛肉裡撒些咖哩粉，做成咖哩碎肉湯，還能做義大利千層麵，自由調節的空間很大。

維希冷湯（p.59）同樣是一道靈活利用馬鈴薯泥做的濃湯。做法基本和馬鈴薯泥一樣，只需多倒些牛奶，調整到適合飲用的濃度。這道湯既可以從頭開始做，也可運用冷凍馬鈴薯泥。

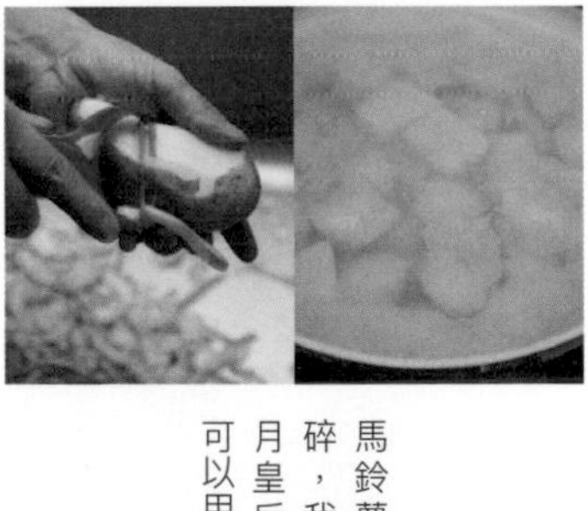

馬鈴薯煮軟後再弄碎，我推薦用「五月皇后」，當然也可以用其他品種。

做蔬菜濃湯時，蔬菜先用油炒後再水煮，本身的甜味就被激發出來，變得更可口。

有哪些大人和寶寶都能吃的主菜呢？

蔬菜多多的主菜

鮭魚蔬菜湯（p.63）做法簡單，就是將蔬菜炒過後，用西式清湯熬煮收汁，再放上煎好的鮭魚。蔬菜一般切細長條，多加些水做成菜湯。在法國家庭裡，無論大人還是小孩都愛喝將蔬菜煮得很透的蔬菜湯。

義大利蔬菜濃湯（p.65）中既可以放通心粉又可以放各種各樣的蔬菜。除了這次食譜裡列舉的蔬菜以外，媽媽們還可以加入白菜、高麗菜、番茄、青花菜、南瓜、地瓜等其他當季食材。

布蘭德鱈魚馬鈴薯泥（p.60）也是一道巧用馬鈴薯泥的料理。它原本是指用牛奶燉煮馬鈴薯、鱈魚的鄉土料理，多見於法國南部的朗格多克地區。不過這次，為了方便孩子吃，我先將鱈魚煮過後分成小塊，加上馬鈴薯泥後再用烤箱試著烤了一下，特意揉成乒乓球大小的丸子。

這幾道料理均是適合全家人共同享用的主菜，裡面的蔬菜已被煮得特別軟爛，也適合離乳期的寶寶吃。

泡菜吃起來「喀擦」清脆又健康，可以當孩子的零食。煎烤肉食時，大人可以拿泡菜汁當醬汁來蘸著吃。

往肉餡裡加些馬鈴薯屑，製作的肉餅口感更軟和。

MES FAVORIS
志麻最愛的湯品

'potage'

維希冷湯

馬鈴薯煮熟後只要弄碎就OK！

材料及做法〈4人份〉

馬鈴薯（五月皇后）— 3顆
牛奶 — 500毫升
奶油（根據個人口味，有無均可）— 15克
鹽、胡椒粉 — 各適量

1. 將馬鈴薯切塊，放入淹過食材的水中煮軟，把熱水倒棹後直接在鍋裡用叉子等把馬鈴薯弄碎。若有細網篩的話，可以再過濾一遍，口感會更細膩，可根據個人口味趁熱拌上些奶油。

2. 往馬鈴薯泥中倒入牛奶再煮開。嚐一下味道，若感覺味道不足可再加點鹽，也可根據個人口味撒些胡椒粉。

★小訣竅 以這道料理作副食品時，若孩子在離乳初期（嬰兒5-6個月）請不要用奶油，之後可根據寶寶成長情況酌情添加。

- 可冷藏2～3日。
- 可冷凍保存，冷凍、解凍方法請參照p.127。

沒問題！

做一些能夠激發蔬菜自身鮮味且易嚼宜食的料理吧！

馬鈴薯泥&
布蘭德鱈魚馬鈴薯泥

馬鈴薯泥是法國人再熟悉不過的副食品，媽媽們若想嘗試新的口味，可以試試摻上鱈魚一起烤。

材料及做法

馬鈴薯泥〈容易操作的份量〉

- 馬鈴薯— 3個（約450克）
- 奶油 — 15克
- 牛奶 — 100毫升

鱈魚馬鈴薯泥〈4人份〉

- 做好的馬鈴薯泥 — 全部
- 鹹鱈魚（生鱈魚也可以）— 2塊
- 牛奶 — 200毫升
- 蒜瓣 — 1個
- 麵包粉— 適量
- 鹽、胡椒粉（根據個人口味酌情添加）— 各適量
- 橄欖油 — 適量

馬鈴薯泥

1. 將馬鈴薯切塊，加入淹過食材的水中徹底煮軟（A）。把熱水倒掉後，直接在鍋裡用叉子等將馬鈴薯壓碎（B），趁熱拌入奶油。

2. 開小火加熱，將牛奶分2～3次倒進去，煮開。

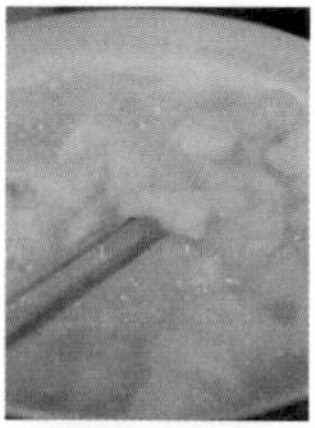

A 煮到馬鈴薯塌軟。

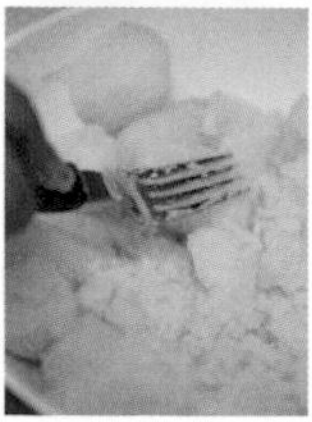

B 壓碎後，用細網篩過濾一遍，口感會更細膩。

布蘭德鱈魚馬鈴薯泥

1. 準備馬鈴薯泥。

2. 將蒜瓣對半切開後用刀身拍碎。將蒜、鱈魚、牛奶放入鍋中，開火加熱，途中勤翻魚塊以免沾鍋，直到水分消失。魚肉煮散也沒關係。出鍋前嚐一下味道，若感覺味道不足可再加點鹽，也可根據個人口味加胡椒粉。

3. 收汁後、挑出蒜，剔掉魚刺、魚皮，將魚肉分成小塊。拌上馬鈴薯泥，揉成乒乓球大小的丸了。

4. 將步驟3的食材擺入耐熱器皿，撒上麵包粉，淋橄欖油，用烤箱上色。預熱250度的烤箱烤10分鐘即可。

MEMO 布蘭德鱈魚馬鈴薯泥是將鱈魚和馬鈴薯泥一起烘烤的法國南部料理。使用生鱈魚時，提前抹上足量的鹽調味後再煮。

★小訣竅 將這道料理當副食品時，請根據寶寶的成長情況靈活調節馬鈴薯泥的軟爛程度。

- 可冷藏2～3日。
- 可冷凍保存，冷凍、解凍方法請參照p.127。

馬鈴薯泥&布蘭德鱈魚馬鈴薯泥

孩子們喜歡番茄醬甜甜的味道

法式馬鈴薯泥焗牛肉

材料及做法〈1個20公分 × 20公分耐熱器皿的量〉

馬鈴薯泥

- 馬鈴薯— 5個
- 奶油 — 25克
- 牛奶 — 150毫升

番茄牛肉

- 薄牛肉片— 250克
- 洋蔥 — 1個
- 番茄罐頭 — 1罐(400克)
- 番茄醬 — 3大匙
- 伍斯特醬 — 2大匙
- 砂糖、鹽、胡椒粉 — 各適量
- 油 — 適量
- 烤比薩用的起司絲 — 適量

1. 製作馬鈴薯泥。(做法請參考p.60)

2. 將牛肉片切成一口大小，洋蔥切薄片。平底鍋中倒油加熱，放入洋蔥，撒些鹽，用偏弱的中火炒至發軟，添入牛肉繼續拌炒。

3. 待肉變色後，倒入番茄罐頭，加100毫升水、番茄醬、伍斯特醬，用較弱的中火燉煮收汁，大概煮10分鐘(A)。嚐一下味道，若感覺味道不足可再加點鹽或胡椒粉。若酸味較重可再加1大匙砂糖，調成酸甜風味。

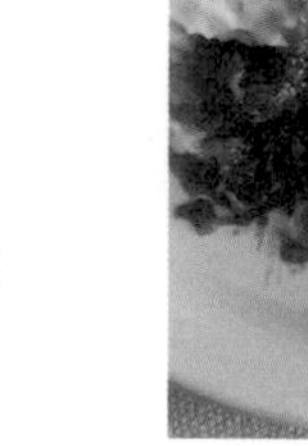

A

火候以湯汁冒小泡的狀態為宜。

4. 將步驟3中的食材盛入耐熱器皿，抹上馬鈴薯泥，撒上起司絲，用預熱250度的烤箱烘烤10~15分鐘，也可用烤吐司機或烤魚架，只要將表面烤至誘人的金黃色即可。

★小訣竅 將這道料理作副食品時，剛開始只能餵馬鈴薯泥，之後根據寶寶的成長情況，可適當添些番茄湯汁或牛肉碎等。

- 可冷藏2~3日。
- 可冷凍保存，冷凍、解凍方法請參照p.127。

材料及做法〈4人份〉

鮭魚 — 4塊
紅蘿蔔 — ¼根
蘿蔔 — 4~5公分
高麗菜葉 — 1~2片
馬鈴薯 — 2個
高湯塊 — 1個
起司粉 — 適量
鹽、胡椒粉 — 各適量
粗粒黑胡椒（依個人口味）— 適量
奶油、油 — 各適量

切成細長條的蔬菜
既可以做配菜，也可以做湯

鮭魚蔬菜湯

1. 蔬菜全部切成細長條。將奶油放入熱鍋，待奶油融化後，加入除馬鈴薯外的其他蔬菜，撒少許鹽，用小火將蔬菜炒至發軟。

2. 倒入淹過蔬菜的水，轉大火煮沸，撈去浮沫，丟入高湯塊，繼續煮10分鐘左右。添入馬鈴薯，煮至變軟。

3. 鮭魚提前抹上鹽、胡椒粉調味。平底鍋中倒油燒熱，放入鮭魚煎熟，並將兩面煎出漂亮的色澤。將步驟2中的蔬菜盛盤，撒些起司粉，最後放鮭魚，可根據個人口味撒些粗粒黑胡椒。

★小訣竅 將這道料理作副食品時，根據寶寶的成長情況，只餵蔬菜湯、軟爛的蔬菜，或是加些碎碎的魚肉。

- 可冷藏2～3日。
- 可冷凍保存，冷凍、解凍方法請參照p.127。

豬肉四季豆蓋飯
義大利通心粉
蔬菜濃湯

義大利通心粉蔬菜濃湯

蔬菜徹底翻炒是關鍵

材料及做法〈4人份〉

洋蔥 — 1個
紅蘿蔔 — 1根
芹菜 — 1根
櫛瓜 — 1條
蕪菁 — 2個
通心粉— 50克
番茄罐頭 — 1罐（400克）
高湯塊 — 1個
起司粉 — 適量
橄欖油 — 適量
鹽、胡椒粉 — 各適量

1. 將所有蔬菜切丁。平底鍋裡倒入橄欖油，加入洋蔥，撒些鹽，用偏弱的中火炒至發軟。添入紅蘿蔔、芹菜、櫛瓜，徹底翻炒後，加入蕪菁繼續炒。

2. 倒入番茄罐頭，添入淹過食材的水，丟入高湯塊，將蔬菜煮至綿軟狀態。中途若水分消失，再另添些水。放入通心粉煮熟。嚐一下味道，若感覺味道不足可再加點鹽，也可依個人口味撒些胡椒粉，做好後撒上起司粉。

★小訣竅 以這道料理作副食品時，從離乳後期（嬰兒9～11個月）開始餵，記得要把通心粉和蔬菜弄碎。

- 可冷藏2～3日。
- 可冷凍保存，冷凍、解凍方法請參照p.127。

豬肉四季豆蓋飯

豬肉先煮熟再煎上色，肉湯可做西式燴飯

材料及做法〈4人份〉

五花豬肉（成塊）— 400克
四季豆 — 約20根
高湯塊 — 2個
月桂葉 — 1~2片
熟米飯 — 2小碗
奶油、起司粉 — 各適量
油、鹽 — 各適量
粗粒黑胡椒、芥末醬（依個人口味）— 各適量

1. 提前往豬肉表面抹上一小勺鹽。放入鍋中，添水，以高過豬肉表面3～4公分的量為準，開大火煮沸。沸騰後，撈去浮沫，放入高湯塊及月桂葉，繼續煮30分鐘左右。途中勤加水，確保肉湯持續淹過豬肉。浮至表面的油花儘量撈掉。用竹籤戳一下豬肉，肉汁為透明時即可關火。將煮好的豬肉豎著切成2公分寬的長條，放進平底鍋，用油將兩面煎至酥黃，根據個人口味可再適量放些鹽。

2. 將熟米飯和400毫升撈掉油花的高湯放進鍋裡，嚐一下味道，若鹽味不夠可適當調節，再以小火煮1～2分鐘。最後加入起司粉。

3. 四季豆去蒂去筋，汆燙後拌些奶油。將步驟2中的燴飯盛入碗中，擺上四季豆、豬肉，可根據個人口味撒些粗粒黑胡椒，可蘸著芥末醬吃，味道也不錯。

★小訣竅 將這道料理作副食品時，根據寶寶的月齡，剛開始只餵燴飯，之後隨著寶寶長大，可將豬肉、四季豆切碎後拌入燴飯。

- 煮好的豬肉不立馬煎烤食用的話，可以連湯汁一起放入冰箱保存，可放4～5日。
- 可冷凍保存，冷凍、解凍方法請參照p.127。

一口平底鍋就能搞定

西班牙海鮮飯

材料及做法〈直徑 24 公分的平底鍋〉

白身魚肉（鯛魚、鰈魚等）— 4 塊
章魚 — 1 隻
蛤蜊 — 約 200 克
紅、黃彩椒 — 各 ½ 個
青椒 — 2 個
香菇 — 4 個
牛蒡 — ½ 根
白葡萄酒（日本酒也可）— 2 大匙
米 — 360 克
檸檬 — 1 個
橄欖油 — 2 大匙
鹽、胡椒粉 — 各適量

1. 將章魚的觸手與身體分開，取出身體裡的內臟，將身體切成 1 公分寬圓圈，觸手切成食用大小。蛤蜊泡水，待吐完沙後再搓洗乾淨。彩椒、青椒、香菇切細條，牛蒡切丁。

2. 將章魚、蛤蜊一同放入平底鍋，倒入白葡萄酒蓋上鍋蓋，開大火加熱。待蛤蜊張口後，用細網篩將食材與湯汁分開，往湯汁中兌水 450 毫升，撒一小撮鹽攪勻。

3. 平底鍋裡倒入橄欖油，用小火翻炒牛蒡，待牛蒡變軟後加入米(無須淘洗)，炒至米充分吸油後呈透明狀。倒入步驟 2 中的湯汁，將白身魚肉切成適宜大小放在最上面，添入彩椒、香菇再開大火煮。沸騰後再蓋上鍋蓋，用偏弱的中火煮 10 分鐘收汁，再放入步驟 2 中的食材，加入青椒，蓋上鍋蓋，轉小火燜煮 5 分鐘左右。可依個人口味酌加鹽或胡椒粉。最後再擠些檸檬汁。

★小訣竅 當副食品時，只盛米飯，用日式高湯等帶水分的調味汁泡軟後再給寶寶吃。

泡菜汁微煮一下更入味

什錦泡菜

材料及做法〈容易操作的份量〉

紅蘿蔔 — 1 根
蓮藕段 — 5～6 公分
蕪菁 — 2 個
蘆筍 — 4 根
水煮竹筍 — 約 100 克
紅、黃彩椒— 各 ½ 個
櫛瓜 — 1根
檸檬 — 1 個
小番茄 — 8 個

泡菜汁

白葡萄酒 — 100 毫升
醋 — 300 毫升
砂糖 — 8 大匙
鹽 — 2 大匙

1. 將小番茄以外的蔬菜全都切成適合食用的大小。

2. 將泡菜汁與 300 毫升水倒入鍋中，開火，放入砂糖與鹽。將切好的蔬菜按材料表中的順序（從硬到軟）依次加入，每放一種就煮開，然後再放下一種。關火後再放入小番茄及切好的檸檬片。待涼卻後，盛入乾淨的密封罐。

• 可冷藏 1 週左右。

材料及做法〈4人份〉

混合碎肉 — 300克
馬鈴薯 — 1個
紅蘿蔔 — ¼根
蓮藕段 — 3~4公分
香菇 — 2個
菠菜 — 3~5把
雞蛋 — 1個
番茄醬 — 3大匙
伍斯特醬 — 2大匙
鹽、胡椒粉、油 — 各適量
搭配蔬菜(紅葉萵苣、小番茄)— 適量

1. 將紅蘿蔔、蓮藕、香菇切碎後煮熟，出鍋前加入菠菜碎末，一同撈進濾篩放涼，擠乾水分。

2. 將碎肉放入碗中，加入馬鈴薯，添入煮好的蔬菜，打顆雞蛋，撒上鹽、胡椒粉。用手均勻拌好後，揉成8等份的肉餅。

3. 平底鍋倒油，擺入肉餅，用偏強的中火將一面煎至上色後翻面，蓋上鍋蓋轉小火煎10分鐘左右，確保肉餅熟透。最後淋上番茄醬、伍斯特醬。嚐一下味道，若味道不足可再加點鹽，也可依個人口味撒些胡椒粉。點綴上紅葉萵苣和小番茄裝盤。

★小訣竅 當副食品時，從離乳後期開始餵，且只能餵烤肉餅，儘量不要添番茄醬等調味品，但可以搭配勾芡的日式高湯做的醬汁。

馬鈴薯碎的加入
使烤肉餅吃起來更香軟

滿是蔬菜的烤肉餅

- 可冷藏2~3日。
- 可冷凍保存，冷凍、解凍方法請參照p.127。

MES FAVORIS
志麻最愛的甜點

'dessert'

果醬優格

只需一台打蛋器，轉瞬就能做好

材料及做法〈4人份〉

優格 — 400毫升
鮮奶油 — 200毫升
砂糖 — 1~2大匙
果醬（藍莓等果肉較多的種類）
— 適量

- 可冷藏到第二天。

1. 往鮮奶油中加入砂糖，用打蛋器攪拌至奶油呈直立狀態（A）。
2. 加入優格快速攪拌，放入杯子中冷卻，食用時點綴上果醬。

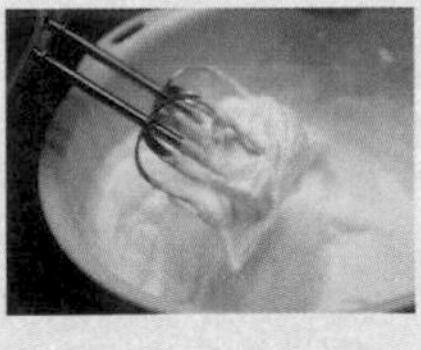

A

鮮奶油需要打發至如圖狀態。

★**小訣竅** 當副食品時，要等到寶寶可以吃鮮奶油後才能餵。

保證讓餓扁的三兄妹滿意的10道料理

PROFILE

媽媽：T・I小姐（38歲）

職業：自由宣傳人員

家庭成員：爸爸（50歲）、媽媽、大兒子（12歲）、小兒子（8歲）、女兒（3歲）

PART 4

「三兄妹胃口極好，消化也快，每天總喊餓。食欲旺盛是好事，但我不想用甜的零食打發他們填飽肚子。」

比起甜點，我覺得不如做些健康營養的輕食。哪怕媽媽們平時抽不出時間做甜點，若是準備輕食的話，也能變成晚飯餐桌上的一道料理或大人的下酒菜，如此就會充滿動力製作。而且，孩子對鹹味食物的喜愛如果能超過甜點，那輕食是不是一舉兩得呢？

如果孩子食欲旺盛，那麼媽媽們可以做些能夾很多食材的三明治。媽媽可以靈活利用前天晚上做飯的空隙，準備好夾在三明治裡的食材，另外，像麵包、沙拉的話，立馬就能準備好。三明

沙丁魚用鹽、蒜、紅蘿蔔、橄欖油醃漬後，小火慢煎，自製「油漬沙丁魚」就做好啦！

'I' FAMILY

哥哥，待會兒一起去外面玩吧？
——等吃完甜點哦！

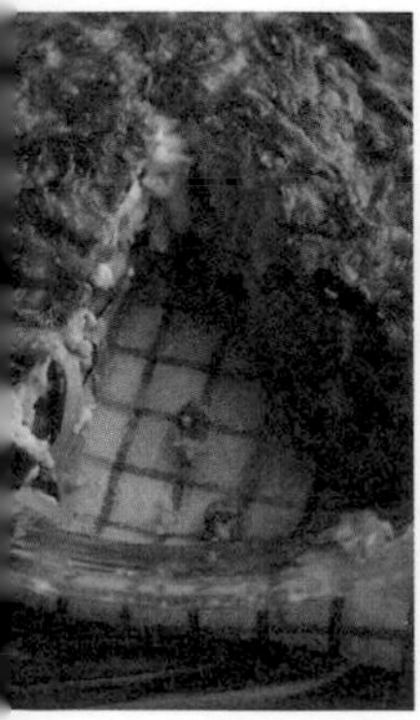

儲備滿滿的冰箱，能滿足愛吃的一家五口所有需求。

就做一些晚餐、宵夜時都能吃的健康料理吧！

治做法簡單，上小學的孩子也能自己動手做。比如法式三明治，只需用方形麵包片夾上火腿、起司後，放平底鍋煎一下，法國人常吃這種簡餐。

法式鹹派、義大利麵也是不錯的選擇。也許，媽媽們會煩惱義大利麵或法式鹹派中應該放哪種醬汁，其實並沒有嚴格的規定，什麼醬都可以。將大蒜、洋蔥炒過後再放些番茄，義大利麵的味道會很不錯。比如，油漬沙丁魚&義大利麵（p.82），還可以拿來豐富晚上的餐桌。前一天的燉煮料理也能當醬汁拌著吃，只要媽媽們覺得它和義大利麵拌在一起很好吃就行了。

這些為孩子準備的輕食也很適合做大人的下酒菜。晚上待孩子睡著後，夫婦二人邊喝邊聊，配上美味的下酒菜，媽媽們自然就能獲得下次好好準備加餐的動力。

「有沒有營養均衡的點心料理呢？」

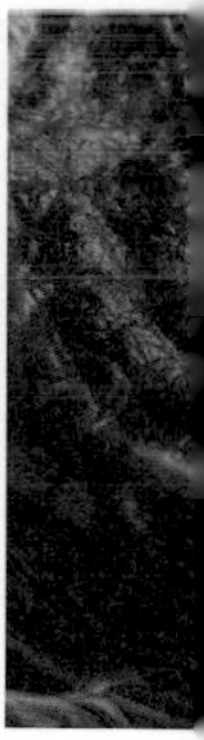

用竹筴魚、沙丁魚、墨魚等物美價廉的海鮮，也能做出美味的點心和豪華的料理。

3小時做好10道菜！

油漬沙丁魚&義大利麵
P.82

法式鹹派
P.79

巴斯克燉墨魚
P.83

法式烤豬肉
P.84

豆腐甜甜圈 » P.87

彩椒番茄濃湯 » P.77

竹筴魚馬鈴薯沙拉 » P.78

草莓冰淇淋 » P.88

馬鈴薯薄餅 » P.87

奶油煮春蔬 » P.85

專為孩子做的小點，如果也能順便拿來當正餐就好了……

可以當小點心又能當正餐的輕食

擔任點心、正餐「雙重角色」的輕食法式鹹派、豆腐「甜甜圈」、馬鈴薯薄餅，感覺小餓時都可以當點心來吃。豆腐甜甜圈放有蔬菜、豆腐，帶點輕食的味道，但並非甜點，媽媽們節假日起床晚時可拿來作早午飯，或是當居家辦公時的午餐。

製作法式鹹派（p.79）時我常放自己最愛吃的蘑菇。做鹹派時，我大都會往蛋液裡倒些鮮奶油，但使用蘑菇時，因為蘑菇自身香氣濃郁，所以僅用雞蛋、牛奶就足夠了。翻炒蘑菇時就要放夠鹽，蛋液裡儘量少放或不放鹽，否則會影響口感。往派皮上擺放食材前，先在表面撒些起司粉，起司融化後可以變身為一面「防漏」牆，能讓派皮邊緣烤得焦香酥脆。

法式鹹派做法簡單，我在家經常做，派皮可直接用市面上賣的冷凍派皮。法國人常把鹹派當前菜吃，有時也直接當作午餐。鹹派裡的蔬菜可以選自己喜歡的，關鍵是要和培根、鮪魚

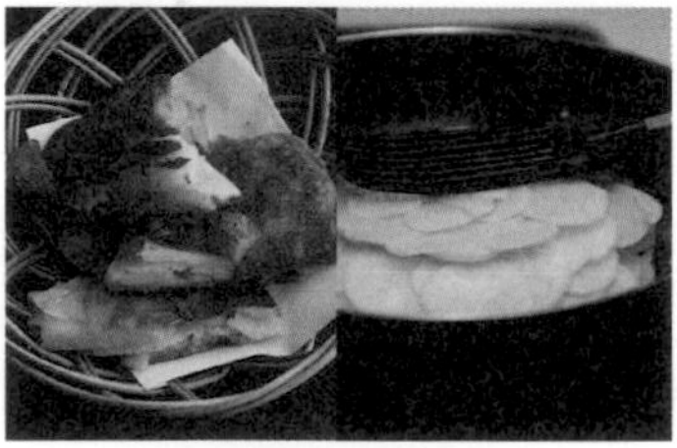

煎馬鈴薯片時，用鏟子略微按壓著，奶油一點點融入，最終就能做出香酥的馬鈴薯薄餅。

「長大後想做一名料理人！」
「那從現在起就要好好觀察學習～」

沒問題！

一起做些充飢又不甜的營養料理吧！

（罐頭）、生火腿等味道較重的食材組合搭配，這樣做出來的鹹派味道會很不錯。蔬菜的話，炒熟的洋蔥、汆燙的菠菜都沒問題，櫛瓜、蕪菁等可以切成塊，直接用微波爐烤熟。

豆腐甜甜圈（p.87）是一道鹹味點心。我這次用的是常見又便宜的低筋麵粉，將它和雞蛋、豆腐、起司混合後，加牛奶沖成合適的濃度，再製成乒乓球大小的丸子，過油炸熟。媽媽們不妨嘗試一下這道創意料理。除了雞蛋、豆腐兩種基本食材，可以搭配些鮪魚（罐頭）、橄欖果、鹽漬鯷魚、起司等味道較重的食材，甜甜圈的味道會更好。

馬鈴薯薄餅（p.87）做法也很簡單，就是將馬鈴薯片疊放，用奶油煎至酥脆。我常用的「五月皇后」馬鈴薯，黏性大且不易軟塌，能夠煎得外酥內嫩。媽媽們要注意的是，煎烤時，奶油要一點點加進去。馬鈴薯薄餅可以當肉、魚的配菜，還可以在馬鈴薯片中間夾些起司再煎熟，做成適合大人食用的下酒菜。

洋蔥是做西式濃湯和菜湯的基底，待翻炒出甜甜的味道即可！

將豆腐甜甜圈揉成乒乓球大小，更容易受熱，做可樂餅或肉丸子時，也是如此。

我和先生都喜歡在晚上喝點小酒，想做些適合配酒的主菜或別樣小吃，該怎麼辦？

品嚐看看不同氛圍

孩子小的時候，媽媽們也許無法常去外面就餐。不過，隨著孩子慢慢長大，媽媽們可以在家裡試著做些餐廳風味的料理。孩子和大人吃同樣的飯菜時，小小的心靈中就會湧出一股自豪感，說不定還能改掉挑食的壞習慣。這次，我為這家人做了幾道色香味俱佳的料理。

其中一道就是巴斯克燉墨魚（p.83），先將墨魚和番茄一同燉煮後，再拌上市場上買的墨魚醬，轉眼就成了餐廳料理。當然，墨魚醬也可用新鮮墨魚的墨汁來代替。解剖墨魚時，媽媽們用手指把緊貼內臟的墨袋拉出來，再用刀把墨汁刮淨，墨汁有時可能只有一點點。不放墨汁，只拿墨魚和番茄一起煮，味道同樣也不錯。

油漬沙丁魚（p.82）可當下酒菜，也能做成適合孩子吃的義大利麵。關鍵是，媽媽們能享受親手製作這道料理的樂趣。

彩椒番茄濃湯，只要拿攪拌機直接在平底鍋裡攪拌，再簡單加熱煮沸，就做好啦！

法式烤豬肉用一口平底鍋就能做好，先將肉表面煎上色後，再加入蔬菜微炒，添少量水，蓋上鍋蓋蒸煮即可。

MES FAVORIS
志麻最愛的湯品

'potage'

彩椒番茄濃湯

彩椒煮得軟軟的，甘甜翻倍

材料及做法〈4人份〉

紅椒 — 2個
番茄 — 2個
洋蔥 — 1個
牛奶 — 150～200毫升
高湯塊 — 1個
鮮奶油（根據個人口味） — 適量
鹽、胡椒粉、油 — 各適量

1. 將紅椒、番茄切成小塊，洋蔥切薄片。
2. 平底鍋裡倒油加熱，放入洋蔥，撒些鹽，用偏弱的中火炒至發軟。加入紅椒炒軟，再加入番茄微炒，倒200毫升水，丟入高湯塊，蓋上鍋蓋，用偏弱的中火煮20分鐘左右，直至彩椒煮到用手指能戳破的狀態。
3. 倒入牛奶，用料理機打至濃稠狀。用細網篩過濾一遍，口感更柔滑。再次煮開，嚐一下味道，若覺得味道不夠可再加點鹽，也可以根據個人口味撒些胡椒粉。盛入容器中，根據自己的口味可淋上一圈鮮奶油。

- 可冷藏2～3日。
- 可冷凍保存，冷凍、解凍方法請參照p.127。

沒問題！

沙拉（p.78）也可以做成豪華版。檸檬汁醃漬的竹莢魚，配上馬鈴薯沙拉，份量十足。竹莢魚抹鹽放置片刻後，會有腥味的水分流出，再用醋將魚身沖洗乾淨即可。

做一些全家人吃起來都覺奢華滿足的大餐吧！

竹筴魚馬鈴薯沙拉

口感清爽，堪稱大餐

材料及做法〈4人份〉

竹筴魚（生食級）— 8片
醋 — 適量
馬鈴薯 — 2個
紫洋蔥 — ⅛個
黑橄欖（去核）— 少量
檸檬 — 1個
香芹 — 適量
橄欖油 — 1大匙
鹽、胡椒粉 — 各適量

1. 給竹筴魚抹上足量的鹽，靜置15分鐘左右（A）。往碗裡倒適量的醋，用其將醃過的竹筴魚清洗乾淨，沖掉鹽分。淋上半顆檸檬的汁，冷藏20～30分鐘。

A

竹筴魚用鹽醃片刻後會有水分滲出，腥味會一同流出。

2. 馬鈴薯帶皮洗淨，用保鮮膜包好，放進微波爐裡加熱變軟。600瓦的微波爐大致烤5～6分鐘。中途上下翻動幾次，確保均勻受熱。揭掉表皮，切成1公分厚的圓塊。紫洋蔥橫著切成薄片。

3. 將馬鈴薯、紫洋蔥、橄欖圓片、剩餘半顆檸檬的汁、橄欖油一同放入碗中，撒上鹽、胡椒粉，大致拌勻。

4. 將竹筴魚和步驟3中的食材盛入盤中，點綴上香芹。最後淋上一圈橄欖油。

• 建議當天吃完。

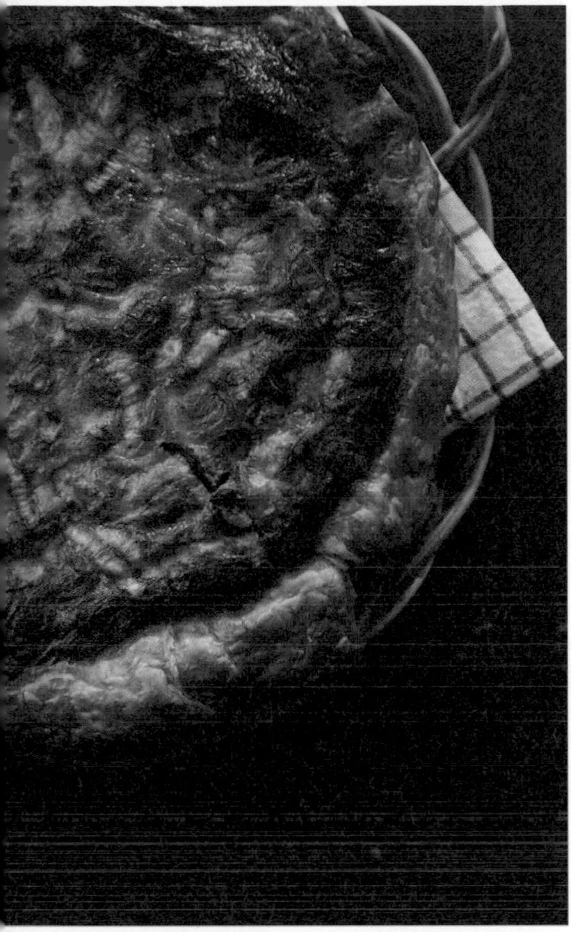

不用鮮奶油，味道也醇厚香濃
祕訣就是蘑菇的鮮味

法式鹹派

材料及做法〈直徑20公分的派皮〉

冷凍派皮（20×20公分）— 2張
洋蔥 — ½個
香菇 — 1盒（4~6個）
洋菇 — 1盒（6~8個）
鴻喜菇 — 1盒（約100克）
培根（成片）— 2~3片
雞蛋 — 3個
牛奶 — 250毫升
烤比薩用的起司絲 — 1小撮
起司粉 — 適量
鹽、胡椒粉、油 — 各適量

1. 將洋蔥、香菇、洋菇均切成薄片，鴻喜菇適當分朵，培根切為細條狀。提前將派皮移至冷藏室或常溫下進行半解凍。

2. 平底鍋中加油，放入洋蔥再撒些鹽，用偏弱的中火炒至發軟。加入蘑菇翻炒，最後放培根，再用鹽、胡椒粉充分調味。炒好後盛出，自然放涼。

3. 將牛奶倒入碗中，打入雞蛋，充分攪拌，撒些鹽、胡椒粉。

4. 將2張派皮合在一起，延展成略大於模具的尺寸，均勻鋪進模具，撒少許起司粉。放入步驟2中的食材，再倒入步驟3中的蛋液，最後撒上烤比薩用的起司絲。超出模具邊緣的派皮，用手勻分到附近的邊緣派皮裡。用預熱200度的烤箱烘烤30～40分鐘左右。

- 可冷藏2～3日。
- 可冷凍保存，冷凍、解凍方法請參照p.127。

油漬沙丁魚&
義大利麵

» P.82

巴斯克燉墨魚

» P.83

油漬沙丁魚 & 義大利麵

油漬沙丁魚除了當下酒菜
還能做成義大利麵

材料及做法〈容易操作的份量〉

油漬沙丁魚

- 沙丁魚 — 12 條
- 紅蘿蔔 — ½ 根
- 蒜瓣 — 1 個
- 橄欖油 — 適量
- 月桂葉 — 2~3 片
- 鹽、黑胡椒粒— 各適量

義大利麵〈1人份〉

- 義大利麵（各種類型均可）— 80 克
- 做好的油漬沙丁魚 — 3 條
- 芹菜 — ½根
- 蒜瓣 — 1 個
- 核桃仁（可不加）— 適量
- 香芹（可不加）— 適量
- 橄欖油 — 1 大匙
- 鹽、胡椒粉 — 各適量

A 沙丁魚兩面均抹上足夠的鹽以去除腥臭味。

B 胡椒粒適合長時間醃漬使用，更能有效入味。

油漬沙丁魚

1. 用足量的鹽將沙丁魚醃漬20～30 分鐘（A）。將紅蘿蔔切成薄薄的圓片，蒜瓣也切成薄片。

2. 將從沙丁魚裡滲出的水分用廚房紙巾擦乾淨，擺入耐熱器皿。撒上紅蘿蔔、 蒜片，倒入足量橄欖油，撒上黑胡椒粒和月桂葉（B）。

3. 用預熱120度的烤箱烘烤1小時。

• 可冷藏保存 1 週。

義大利麵

1. 將做好的沙丁魚分解成小塊，在意魚刺的話就提前剔乾淨。將芹菜切成薄片，蒜瓣一分為二，核桃仁切碎。

2. 煮義大利麵。1 公升水對應添加2/3大匙的鹽，只要覺得麵汁滾了即可。

3. 往平底鍋裡倒入橄欖油，用小火炒蒜，炒出香味後，加入核桃仁繼續炒。然後放入芹菜及2大匙麵汁，最後放煮好的義大利麵、沙丁魚塊，拌勻。嚐一下味道，若感覺味道不足可再加點鹽，也可以根據個人口味撒些胡椒粉。盛盤，撒上香芹碎末點綴。

巴斯克燉墨魚

燉煮海鮮配上米飯
滿滿的「巴斯克風」
做這道菜時用墨魚汁更省事

材料及做法〈4人份〉

墨魚—4隻
墨魚醬（市售或墨魚本身的墨汁）—8克
洋蔥—1個
蒜瓣—1個
芹菜葉（可不加）—適量
米—180克
白葡萄酒（日本酒也可）—100毫升
番茄罐頭—1罐（400克）
高湯塊—1個
月桂葉—1片
鹽、胡椒粉—各適量
橄欖油—適量

1. 將洋蔥、蒜瓣、芹菜葉切碎。將墨魚的觸手與身體分開，從身體裡取出內臟，把身體切成1公分寬的圈狀，觸手切成適合食用的大小。

2. 往米中倒入足量的熱水，煮至發軟，需12～15分鐘（A），煮熟後撈出瀝水。

3. 平底鍋裡倒橄欖油，放入蒜瓣、洋蔥，撒少許鹽，用偏弱的中火炒至發軟。添入芹菜葉、墨魚，轉大火翻炒。待墨魚變色後，倒入白葡萄酒、番茄罐頭、100毫升水，放入高湯塊、月桂葉，蓋上鍋蓋，煮約10分鐘。快做好時，將墨魚醬倒進去充分混合，再次煮開。嚐一下味道，若感覺味道不足可再加點鹽，也可根據個人口味撒些胡椒粉，盛盤。

MEMO 使用生墨魚的墨汁時，需要將墨袋從內臟裡小心取出，然後用刀一點點把墨汁刮下來。

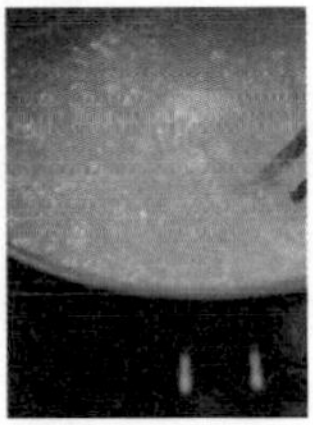

米用大鍋熱水煮。

A

- 可冷藏2～3日。
- 可冷凍保存，冷凍、解凍方法請參照p.127。

法式烤豬肉

**只需一口鍋就能做出香噴噴的烤豬肉！
芥末醬＋豬肉＝風味濃郁**

材料及做法〈4人份〉
豬肩肉（塊狀）— 600克
馬鈴薯 — 3~4個
洋蔥 — 1個
紅蘿蔔 — 1根
大蒜 — 1頭
培根（厚片）— 100克
芥末醬 — 1大匙
月桂葉 — 2~3片
鹽、胡椒粉 — 各適量
油 — 適量

1. 馬鈴薯洗淨，連皮一起切成厚實的圓塊。洋蔥切成較大的弧形，紅蘿蔔切成半月形的厚塊，大蒜分瓣（不去皮），培根切條。

2. 給豬肉表面抹上足量的鹽、胡椒粉。鍋中倒油，開大火，油熱後放入豬肉，將所有表面煎成漂亮的金黃色，取出。

3. 煎肉的油鍋不用清洗，將所有蔬菜及蒜瓣放進去輕炒（A），倒入100毫升水，融入芥末醬，把豬肉放回鍋中。加入培根、月桂葉，蓋上鍋蓋，用偏弱的中火蒸煮40分鐘左右。中途將豬肉翻2~3次，確保均勻受熱。蔬菜也要勤翻。

4. 將肉切成2~3公分寬，擺盤，配上蔬菜。

A

鍋底殘留的肉汁
可以提味蔬菜。

- 可冷藏2~3日，除馬鈴薯外，其他都可冷凍。
- 冷凍、解凍方法請參照p.127。

往湯汁裡放入奶油
即可變為香濃醬汁

奶油煮春蔬

材料及做法〈4人份〉

紅蘿蔔 — ½根
花椰菜 — ¼個
馬鈴薯 — 2個
四季豆 — 8根
蕪菁 — 1個
荷蘭豆 — 10根
熟豌豆 — 1罐(85克)
洋蔥 — ⅛個
奶油 — 20克
鹽、胡椒粉 — 各適量

1. 將紅蘿蔔、馬鈴薯切成條狀，花椰菜分成小朵，蕪菁切成一口大小的弧形，四季豆切成2～3段，荷蘭豆去蒂、去筋。

2. 鍋中添入大量水煮沸，按從硬到軟的順序，將紅蘿蔔、菜花、馬鈴薯、四季豆、蕪菁、荷蘭豆、豌豆依次放進去煮熟(A)，最後一同撈進濾篩瀝乾。

3. 鍋中留100毫升湯汁，放入奶油與洋蔥，撒少許鹽、胡椒粉。將其他蔬菜放回鍋中，轉大火，拌裹均勻。

A

蔬菜依次放入同一口鍋中煮熟，罐頭裡的豌豆已加工成即食狀態，入水後立刻撈出即可。湯汁隨後要做成醬汁，請注意不要全部倒掉。

MEMO 蔬菜在步驟3中的要再次回鍋加熱，水煮時儘量避免煮太久。

- 可冷藏2～3天。

豆腐甜甜圈
馬鈴薯薄餅

馬鈴薯薄餅

食材不過兩樣，吃完唇齒留香

材料及做法〈直徑 18 公分的平底鍋〉

馬鈴薯— 4~5 個
鹽 — 1 小撮
奶油 — 50 克

1. 將馬鈴薯切成薄片（推薦用刨片器），撒上鹽。平底鍋裡先放入半份奶油，開小火融化，重疊著擺入馬鈴薯片。

2. 煎烤時，火候以奶油連續冒小泡為宜。途中需用鍋鏟按壓馬鈴薯片，確保均勻上色。待周邊烤出金黃色澤後，借助圓盤將馬鈴薯餅翻過來，將剩下的奶油分 2～3 次添進去，用偏弱的中火把另一面煎熟。待整體烤到焦黃狀態後，即可出鍋。

• 建議當天吃完。

豆腐甜甜圈

加入嫩豆腐，口感綿軟
讓不甜「甜甜圈」營養加餐！

材料及做法〈約 20 個〉

低筋麵粉 — 200 克
絹豆腐 — 200 克
雞蛋 — 1 個
牛奶 — 50 毫升
烤比薩用的起司絲 — 150 克
油 — 適量

1. 將豆腐放入碗中，用打蛋器徹底打碎，打入雞蛋，拌勻。把麵粉、牛奶、起司絲放進去，充分攪拌。

2. 往平底鍋裡倒入深約3公分的油，開火，油溫上升前，舀一些豆腐糊丟進去，浮起後便可開炸。豆腐糊每次用勺子舀成乒乓球大小，小火慢炸（A），待表面整體炸至酥黃後即可出鍋。

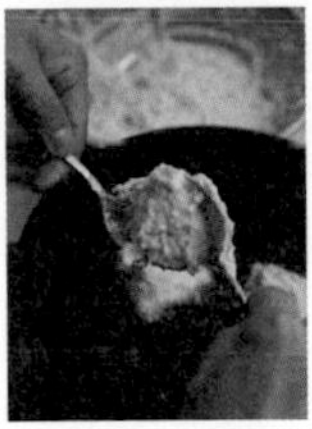

A

豆腐糊極易炸焦，入油鍋後記得轉小火。

MEMO 如果想讓口感更豐富，可以加鮪魚（罐頭）或橄欖等味道較重的食材。

• 建議當天吃完。

草莓冰淇淋

冷凍能省去中途攪拌的麻煩，打發蛋白讓口感更柔滑

材料及做法〈容易操作的份量〉

草莓（冷凍或新鮮均可）— 20 顆左右
鮮奶油 — 100 毫升
蛋清 — 1 個
砂糖 — 50 克

往蛋清中倒入砂糖後，充分打發。

A

1. 將草莓弄碎。冷凍草莓需要提前放在常溫下半解凍。草莓不用太碎，保留些顆粒口感會更好。

2. 將鮮奶油打發至直立狀態。將蛋清放入碗中打發，中途加入砂糖，同樣打發至直立狀態（**A**）。

3. 往草莓裡倒入鮮奶油，加入打好的蛋白，大致拌勻。裝入密封袋，放在冷凍室凝固。

夜晚9點後也能放心吃的10道健康料理

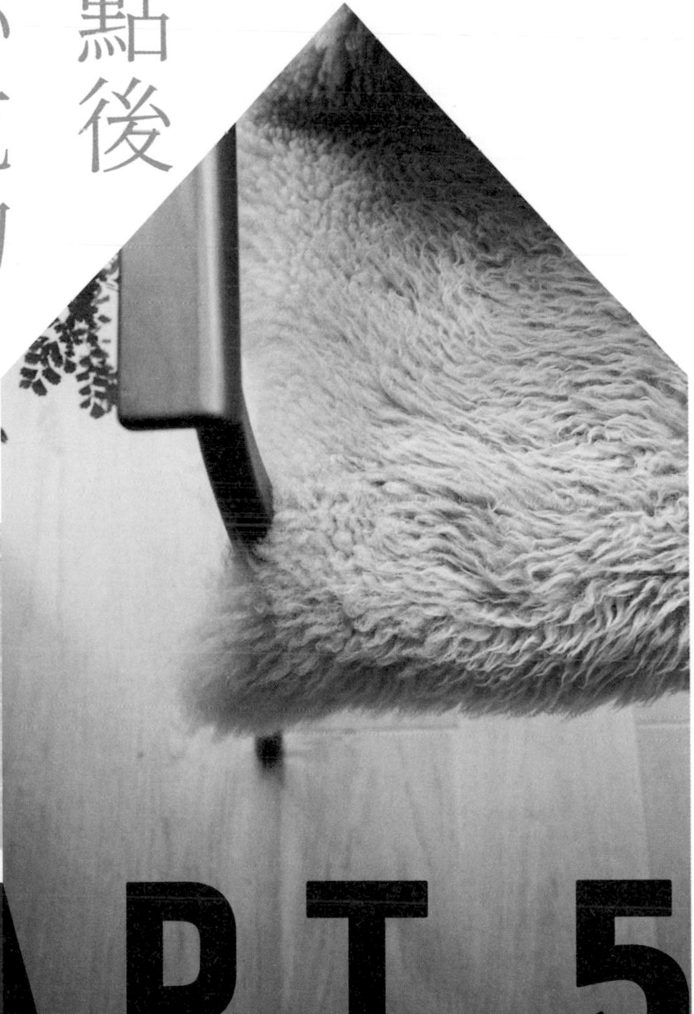

PROFILE
媽媽：K．S小姐（42歲）
職業：銀行工作人員
家庭成員：爸爸（46歲）、媽媽、女兒（11歲）

PART 5

「女兒如果放學後去補習班，當天晚餐就會吃得晚，而且吃完沒多久就要休息，我想為她做一些既容易消化又能吃得滿足的料理。」

家有孩子要上補習班或有學生要學習用功到深夜，父母想為孩子打氣加油時，常會請我做一頓好消化的晚餐。

我這次做的兩道燉煮料理，既富含優質蛋白，又放有大量蔬菜，營養均衡，非常適合成長期的孩子，以及隨著年齡漸長開始重視健康的父母食用，其中一道燉煮料理是馬鈴薯燉豬肉（p.99）。

豬肉是人體易吸收的優質蛋白源，富含豐富的維生素B_1、B_2，還具有促進新陳代謝、抗氧化等作用。與蒸熟馬鈴薯搭配的話，食用時，即使不吃米飯也會有飽足感，也可以用馬鈴薯塊蘸著湯汁吃。馬鈴薯的熱量比米飯少一半，富含幫助人體新陳代謝的維生素，很受顧客的歡迎。

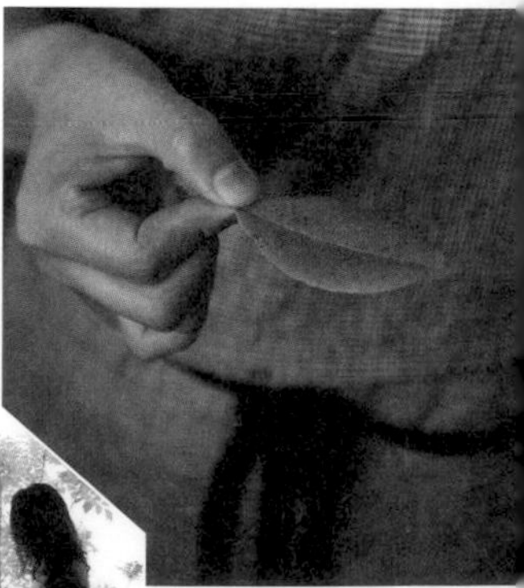

煮肉時不要忘記放幾片月桂葉。

'S' FAMILY

從補習班下課回來，就可以吃到志麻做的料理啦！

冰箱裡的食材很豐富，明顯是女主人精心準備的。準備充足的話，媽媽們晚下班時也能迅速做出美味料理。

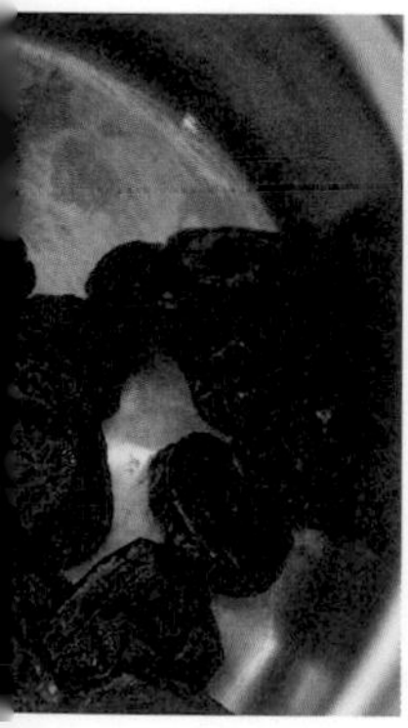

做一些養胃又好吃的料理吧！

我在處理馬鈴薯時，為不讓美味流失，習慣用微波爐將馬鈴薯一起加熱。具體做法就是，將馬鈴薯帶皮洗淨，用保鮮膜裹起來，放進微波爐裡加熱，中途勤翻幾次，確保內部也熟透。

另一道燉煮料理是羊肉古斯米（p.101）。羊肉含有多種營養元素，像人體所需的氨基酸，和常見於沙丁魚、鯖魚、秋刀魚等青魚中的不飽和脂肪酸，以及能夠促進脂肪燃燒的成分，是種有利於健康的肉。近幾年，超市裡也開始賣起了羊肉（日本大多數地區沒有吃羊肉的習慣），有機會的話，請媽媽們試著做一下！

無論是馬鈴薯燉豬肉還是羊肉濃湯配古斯米，都可以做常備菜，想吃的時候回溫加熱即可，美味並不會減分。職場媽媽們不妨把它們添加到「得意料理」名單裡吧！

「工作時間不規律、經常出差，總拿咖哩飯來湊合著吃，但已經吃膩了，真想多學幾道常備菜！」

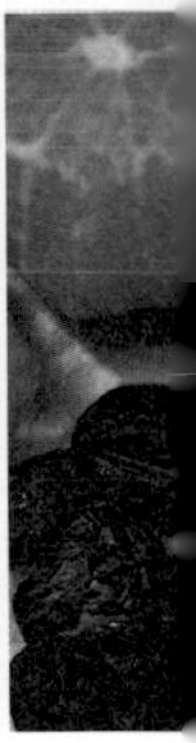

羊肉比以前更容易買到，燉煮後味道很鮮美！

羊肉古斯米 P.101

馬鈴薯燉豬肉 P.99

蘑菇培根濃湯 P.97

糖煮李橙 P.108

鯷魚橄欖派 P.105

3小時做好10道菜！

生火腿溫沙拉 P.100

阿爾薩斯鮭魚蔬菜湯 P.106

菠菜干貝 P.99

佩里戈爾沙拉 P.103

馬賽魚湯 P.104

晚回家時，為省事總想一鍋到底，但食材就那些，怎麼組合才好呢？

海鮮類鍋料理

日本的鍋料理中常會放很多食材，營養均衡，容易消化，準備也簡單，是繁忙家庭餐桌上的「常備菜」。這次我就介紹兩道特意使用海鮮的鍋料理，保證媽媽們在晚飯稍遲時也能吃得盡興。

一道是阿爾薩斯鮭魚蔬菜湯（p.106）。媽媽們可以先在水中放入高湯塊，再放入蔬菜，煮至發軟後放入魚肉，最後淋上葡萄醋。白菜需提前用鹽揉掉青味後再放入水中煮，注意份量會減少。這道菜清爽可口，讓人胃口大好。

另一道就是馬賽魚湯（p.104）。用海鮮提取高湯比較奢侈，想從頭去做又比較費事，直接用鯖魚罐頭「助力」的話，媽媽們三兩下就能做出好喝的湯！提取上等的高湯時，可以用蛤蜊、蝦、墨魚，但使用鯖魚、鰤魚等有獨特風味的魚肉等，也能做出味道醇厚的高湯。

鯖魚罐頭能為馬賽魚湯提供一份美味湯底。

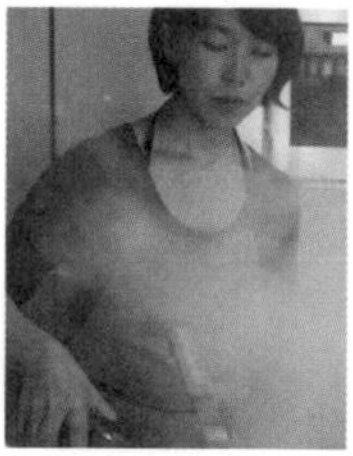

鍋底殘留肉汁時，倒些白葡萄酒混合肉汁，做成特製的醬汁！

沒問題！

我來介紹一些法國人家裡常做、吃起來暖心暖胃的鍋料理吧！

輕鬆享受家庭聚餐

法國人家庭聚餐時，氛圍非常輕鬆歡樂。比起去外面吃飯，他們似乎更喜歡在家裡招待客人，彼此都不用在意時間，能夠在細細品嚐美食的同時開懷暢聊。

前菜、主菜等不會豪華，大都立馬就能端上桌，前菜多是起司、橄欖等簡單的食物。料理方法也都是以簡單的燉煮、烘烤為主。聚餐時，熱火朝天的閒聊往往能持續到夜裡10點或11點左右，結束後大家都會主動幫忙收拾，所以主人並不會太累。聚會進入高潮時，客人還會自告奮勇地下廚：「我來露一手，做做慕斯！」

回想到過去的經歷，這次我特意做了鯷魚橄欖派（p.105）、佩里戈爾沙拉（p.103），還有一道「糖煮李橙」（p.108）甜點。

新鮮水果配乾果，再用紅葡萄酒燉煮後，做成糖煮水果。

製作調味醬汁時，先將醋、鹽、胡椒粉充分拌勻，然後倒油。

志麻教教我！2

我喜歡邀請朋友、同事來家裡聚餐，想做些特別的飯菜招待大家，有什麼好主意嗎？

鯷魚橄欖派，就是將鯷魚、橄欖果和大蒜切碎後，合在一起拌成糊狀，夾在派皮裡，扭成麻花狀，再用烤箱烘烤。

佩里戈爾沙拉，就是在蔬菜沙拉中加入溫泉蛋、油封鴨肝。油封鴨肝只需用油煮，做法簡單，也很有份量。油封鴨肝比較耐放，多做一些保存起來，可以當下酒菜，也能和蔬菜一起炒著吃。另外，油封用的油往往會殘留食材的風味，我一般會濾淨後儲藏起來，用來炒菜。

糖煮李橙只需用紅葡萄酒和砂糖燉煮。橙子整個煮的話，不但能保持水果的新鮮，切片後色澤分明，精緻悅目，很受孩子們的喜愛。媽媽們可以嘗試用葡萄或蘋果製作，也能做出相似的風味。

將蘑菇充分翻炒後打成糊狀，配上煎得香脆的培根，口感更豐富。

燉煮、蒸煮、甜點，同步進行。

MES FAVORIS
志麻最愛的湯品

'potage'

蘑菇培根濃湯

自由搭配喜歡的菇類，打造濃醇的味道

材料及做法〈4人份〉

洋蔥 — ½個
鴻喜菇 — 1盒（約100克）
香菇 — 5~6個
洋菇 — 5~6個
培根（成片）— 4片
高湯塊 — 1個
牛奶 — 300毫升
鹽、胡椒粉 — 各適量
油 — 適量

1. 將洋蔥切薄片，菇類切成適當大小。平底鍋裡倒油，放入洋蔥，撒少量鹽，用偏弱的中火炒至發軟，然後加入菇類翻炒。
2. 倒入正好淹過食材的水，丟入高湯塊，煮至水分減半。倒入牛奶，用料理機打至濃稠狀。煮開，嚐一下味道，若感覺味道不足可再加鹽。
3. 將培根切成細條，煎至外焦內嫩。將湯盛入碗中，撒上培根條，根據個人口味可適當添加胡椒粉。

- 可冷藏2~3日。
- 可冷凍保存，冷凍、解凍方法請參照p.127。

沒問題！

燉煮料理或蔬菜沙拉都適合自行盛取，非常適合輕鬆的聚餐場合。請大家好好享受聚餐時光吧！

我來介紹幾種在聚會時也能輕鬆享用、吃得開心的甜點吧！

在做飯的空檔同時清洗用過的廚具。

波菜干貝

馬鈴薯燉豬肉

馬鈴薯燉豬肉

**用蒸熟的馬鈴薯代替米飯
蘸著醬汁享用**

材料及做法〈4人份〉

豬肩肉(塊狀)— 500 克
馬鈴薯 — 4 個
洋蔥 — 1 個
紅蘿蔔 — 1~1.5 根
白葡萄酒 — 100 毫升
高湯塊 — 1 個
月桂葉 — 1 片
鮮奶油 — 200 毫升
麵粉 — 適量
香芹 — 適量
油、鹽、胡椒粉 — 各適量

1. 將豬肉切成一口大小。洋蔥切弧形，紅蘿蔔切成 1 公分厚的圓片。

2. 給豬肉表面均勻拍上鹽、胡椒粉，再抹上一層麵粉。平底鍋倒油燒熱，用大火將豬肉表面煎成焦黃色，盛出。將平底鍋中多餘的油脂擦淨，倒入白葡萄酒，開大火，將鍋底黏留的肉汁鏟下來，融進湯裡。

3. 將洋蔥、紅蘿蔔添入放肉的鍋中，倒入步驟 2 中的湯汁，再加水淹過肉塊。大火煮沸，撈去浮沫，放入高湯塊、月桂葉，蓋上鍋蓋（留一點縫隙），轉中火煮約30分鐘，直至湯汁減少到1/3的量（A）。

4. 倒入鮮奶油。嚐一下味道，若味道不足可再加點鹽或依個人口味撒些胡椒粉，再次煮開。馬鈴薯帶皮洗淨，用保鮮膜裹好，放進微波爐烤熟。600 瓦功率的烤箱需 8 分鐘左右。中途上下翻動幾次，均勻受熱。剝掉馬鈴薯皮，和燉豬肉一起裝盤，撒上香芹碎末點綴。

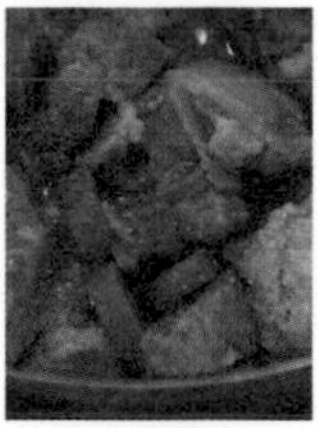

A

中途不停翻攪，收汁如圖中狀態。

- 可冷藏2～3日。
- 可冷凍保存，冷凍、解凍方法請參照p.127。

菠菜干貝

**白葡萄酒是法國家庭常用酒
和海鮮很搭**

材料及做法〈4人份〉

干貝(冷凍或生鮮)— 12 個
菠菜— 大顆 10 根左石
洋蔥 — ¼ 個
白葡萄酒 — 200 毫升
奶油 — 100 克
檸檬 — ½ 個
油 — 適量
鹽、胡椒粉 — 各適量

1. 若使用冷凍干貝，提前移入冷藏室自然解凍。菠菜汆燙，切成長段，擠掉水分。

2. 製作醬汁。將切成薄片的洋蔥放入鍋中，撒一小撮鹽，倒入白葡萄酒，開火煮剩到 1/3 的量。用濾篩撈出洋蔥，將湯汁倒回鍋中，融入奶油，持續攪動（A）。關火，淋入檸檬汁。嚐一下味道，若感覺味道不足可再加點鹽，也可以根據個人口味撒些胡椒粉。

3. 將干貝上多餘的水分用廚房紙巾擦乾，撒上鹽、胡椒粉，放入燒有熱油的平底鍋，大火將兩面煎至上色。菠菜裝盤，放上干貝，最後淋上湯汁。

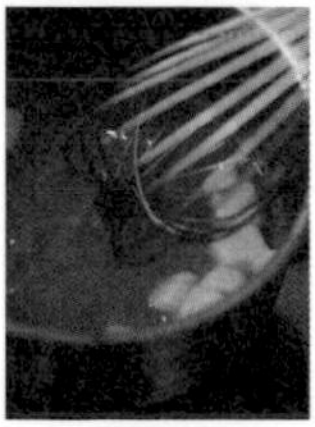

A

火太大的話，干貝會散開，需要注意。

- 建議當天吃完。

4. 將速食古斯米放入碗中，倒入等量沸水，撒上一小撮鹽，淋上一圈橄欖油，裹上保鮮膜，靜置片刻，讓古斯米充分吸水至可食用狀態。將古斯米和食材一同裝盤，配上哈里薩辣醬。

MEMO 哈里薩辣醬是種香辛調味料，和羊肉比較搭，以辣椒為基礎，放有蒜末、孜然、香菜籽等，辣中帶有豐富的風味。

- 步驟3中的食材可冷藏2～3日，也可冷凍，步驟4中為現吃現做。

材料及做法〈4人份〉

紅蘿蔔 — ½本
花椰菜 — ½個
蕪菁 — 1~2個
貝貝南瓜 — ¼個
荷蘭豆 — 10個
生火腿 — 適量

調味汁〈容易操作的份量〉

醋 — 2大匙
芥末醬（無顆粒）— 1大匙
鹽、胡椒粉 — 各少許
油 — 6大匙

1. 將紅蘿蔔切成較粗的條狀，花椰菜分為小朵，蕪菁切成弧形，南瓜切薄片， 荷蘭豆去蒂、去筋。

2. 往鍋中倒入大量水煮沸，從較硬的蔬菜開始，依次放入紅蘿蔔、花椰菜、蕪菁、南瓜、荷蘭豆，煮熟後一併撈入濾篩，瀝淨水分。

3. 製作調味汁。將醋、芥末醬、鹽、胡椒粉一同放入碗中，攪至鹽粒溶解後，再倒入油充分拌勻（A）。將煮好的蔬菜和生火腿盛盤，淋上適量調味汁。

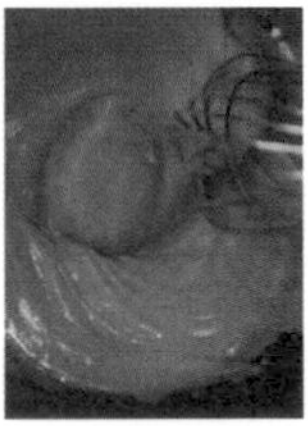

A

待鹽粒溶解後，再倒油攪拌。

- 可冷藏2～3日。

蔬菜由硬到軟依次放入
最後同時撈出

生火腿溫沙拉

古斯米是粒狀麵食
適合搭配口味清爽的醬汁

羊肉古斯米

材料及做法〈4人份〉

羊肉 — 500~600 克
洋蔥 — 1 個
紅蘿蔔 — 1 根
小茄子 — 2 根
櫛瓜 — 1 根
紅黃彩椒 — 各 1 個
西班牙香腸（或小香腸）— 8~10 根
白葡萄酒（日本酒也可）— 150 毫升
番茄糊— 36 克
高湯塊 — 2 個
速食古斯米 — 200 克
哈里薩辣醬（有無均可）— 適量
橄欖油 — 適量
鹽、胡椒粉 — 各適量

1. 將羊肉、蔬菜均切成一口大小。給羊肉撒上鹽、胡椒粉，平底鍋倒橄欖油燒熱，放入羊肉，大火將羊肉表面煎至上色，盛出。將洋蔥、紅蘿蔔倒入煎過肉的平底鍋輕炒，加入番茄糊、白葡萄酒，轉大火，將鍋底沾留的肉汁鏟下來融入湯中。

2. 將蔬菜連湯倒入放有羊肉的鍋中，添入淹過食材的水量。煮沸，撈去浮沫，放入高湯塊，轉中火繼續燉煮。

3. 待紅蘿蔔煮軟後，添入茄子、櫛瓜、彩椒，繼續煮直至食材發軟。放入西班牙香腸或小香腸，蓋上鍋蓋，將香腸徹底加熱。嚐一下味道，若味道不足可再加點鹽，也可依個人口味撒些胡椒粉。

佩里戈爾沙拉

馬賽魚湯 » P.104

佩里戈爾沙拉

用油封鴨肝做佩里戈爾沙拉份量十足，核桃仁也能提味

材料及做法〈4人份〉

油封鴨肝

- 鴨肝 — 400克
- 蒜瓣 — 1個
- 油（沙拉油或橄欖油）— 適量
- 鹽、胡椒粉 — 各適量

溫泉蛋

- 雞蛋— 4個
- 鹽 — 1小撮
- 醋 — 2～3大匙

沙拉用蔬（萵苣、紅葉萵苣等） — 各適量

培根（厚片）— 150克

核桃仁 — 1小撮

調味汁

- 醋 — 1大匙
- 芥末醬 — ½大匙
- 鹽、胡椒粉 — 各少許
- 橄欖油 — 3大匙

1. 製作油封鴨肝。先將鴨肝中發白的部分剔掉，撒上1/2小匙鹽及適量胡椒粉。蒜瓣切片，和鴨肝混在一起靜置30分鐘（A）。然後放入鍋中，倒入淹過食材的油，用大火煮沸後，轉小火繼續煮15分鐘（B），自然冷卻。
2. 4顆溫泉蛋均按照p.45的方法製作。
3. 將油封鴨肝切成5公分厚的薄片，和培根條、核桃仁一起放入平底鍋，用大火快速炒至上色。接著製作調味汁，將鹽、胡椒粉放入醋中充分攪拌，待鹽粒溶解後，加入芥末醬、橄欖油混合均勻。將沙拉用蔬菜掐成適當大小，鋪到盤子中，放上鴨肝、培根、核桃仁，最後放上溫泉蛋，淋上適量調味汁。

A

將蒜片夾在鴨肝和鴨肝之間，靜置片刻。

B

煮的過程中時不時翻動一下。

MEMO 油封用油風味十足，儲存起來，製作其他料理時可靈活使用。

- 油封鴨肝連油一起可冷藏2～3日，瀝乾油後，可冷凍保存。

馬賽魚湯

**鯖魚罐頭可提取美味的高湯
海鮮類切成大塊更豪華！**

材料及做法〈4人份〉

全蝦 — 8隻
蛤蜊(大) — 8個
干貝(大、生鮮或冷凍均可) — 8個
洋蔥 — ½個
芹菜 — ½根
鯖魚罐頭 — 2罐(380克)
蒜瓣 — 1個
白葡萄酒 — 100毫升
番茄罐頭 — 1罐(400克)
橄欖油、鹽、胡椒粉 — 各適量

蛋黃醬

生蛋黃 — 1個
蒜瓣 — 1個
檸檬汁 — ½顆檸檬的份量
鹽、胡椒粉 — 各適量
橄欖油 — 適量

1. 若使用冷凍干貝，提前將干貝取出解凍。全蝦去蝦線。蛤蜊吐沙後搓洗乾淨。洋蔥、芹菜切成薄片。蒜瓣對半切開，用刀拍碎。

2. 平底鍋裡倒橄欖油，放入蒜瓣，用小火炒出香味，加入洋蔥、芹菜，炒至發軟。再添入蛤蜊、蝦、白葡萄酒，蓋上鍋蓋，轉大火蒸煮。待蛤蜊張口後，放入干貝、鯖魚罐頭裡的汁液、倒入番茄罐頭，再倒入400毫升水，煮10分鐘。嚐一下味道，若感覺味道不足可再加點鹽，也可根據個人口味撒些胡椒粉。將鯖魚肉分成適宜大小，關火後放入鍋中，利用餘溫加熱。

3. 製作蛋黃醬。蒜瓣擦泥，將除橄欖油外的其他材料全都放入碗中混合，然後邊攪邊慢慢淋入橄欖油。享用時可適當溶進湯裡。

- 可冷藏2～3日。

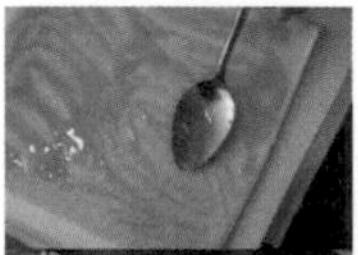

派皮塗上蛋液。

A

抹上鯷魚橄欖糊。

B

蓋上另一個派皮，輕輕按壓。

C

切分成若干份。

D

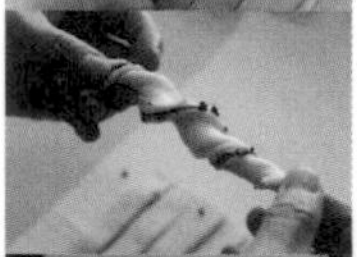

輕輕拉伸並扭花。

E

擺入烤盤，將兩端捏緊，避免起翹後分離。

F

鹹味突出的法式麻花派

鯷魚橄欖派

材料及做法〈4人份〉

冷凍派皮(20×20公分)— 2張
鹽漬鯷魚 — 6~7條
黑橄欖果(無核)— 10個
蒜瓣 — ½個
起司粉 — 1大匙
生蛋黃 — 1個

- 常溫可保存至第二天，捲成麻花狀後可冷凍，享用時，從冷凍室取出來後可直接用烤箱烘烤。

1. 提前將派皮半解凍。把鯷魚、黑橄欖果、蒜瓣混在一起切碎，加撒入起司粉，繼續碎刀切至糊狀。
2. 往蛋黃裡加1大匙水，打散拌勻。將一個派皮鋪開，塗上蛋液，再抹上步驟1中的食材，蓋上另一個派皮，輕輕按壓，對半切開，再直切成2公分左右寬，最後將每一份分別扭成麻花狀(**A~E**，見**p.104**)。
3. 用預熱180度的烤箱烘烤20~30分鐘左右(**F**，見**p.104**)。

法國家庭樸素的燉煮料理
口味清爽的蔬菜搭配鮭魚

阿爾薩斯鮭魚蔬菜湯

材料及做法〈4人份〉

白菜 — ½個
鮭魚 — 4塊
洋蔥 — 1個
紅蘿蔔 — 1根
培根（成片）— 5~6片
白葡萄酒 — 100毫升
白葡萄醋（米醋也可）— 150毫升
高湯塊 — 2個
月桂葉 — 1~2片
鹽、胡椒粉 — 各適量

1. 將白菜橫著切成細長條，撒入一小匙鹽，用手充分揉拌，靜置15分鐘左右，擠乾水分。洋蔥切薄片，紅蘿蔔切成1~2公分厚的圓片，培根切細長條。

2. 將步驟1中的白菜、洋蔥、紅蘿蔔、白葡萄酒、白葡萄醋放入鍋中，倒入充分淹過食材的水，開大火煮至沸騰，撈去浮沫，添入高湯塊及月桂葉，轉中火煮，不用蓋鍋蓋。

3. 待紅蘿蔔煮軟且水分熬至一半時，加入培根和提前撒有鹽及胡椒粉的鮭魚。蓋上鍋蓋，用中火蒸煮約10分鐘。

MEMO 白葡萄醋可用米醋代替，用米醋時，要減2~3成的份量，以免酸味過重。

A

用力擠淨白菜水分，能有效去除特殊的生澀味。

- 可冷藏2~3日，蔬菜湯可放在冷藏室保存4~5日，鮭魚在享用時再添入蒸熟即可，可冷凍保存。

MES FAVORIS
志麻最愛的甜點

'dessert'

糖煮李橙

乾果的濃郁+生果的新鮮，同時享受

材料及做法〈4人份〉

乾李肉（去核）— 約16顆
橙子 — 1~2個
紅葡萄酒 — 500毫升
砂糖 — 3大匙
肉桂粉（根個人口味酌情添加）— 少許

橙肉整顆放進去煮。

A

1. 剝掉橙子皮。將所有材料放入鍋中，開火煮（A）。中途翻動幾次橙子，用小火煮15分鐘。
2. 關火後自然放涼，連湯汁一起盛盤。

• 可冷藏2~3日。

便當配菜也絕配，超簡單的10道料理

PROFILE
媽媽：K・H小姐（52歲）
職業：IT企業職員
家庭成員：爸爸（50歲）、媽媽、女兒（15歲）

PART 6

「每天為上中學的女兒準備便當時，都很苦惱，有哪些晚餐能第二天充當便當配菜呢？」

職場媽媽們早上時間有限，若想減輕做便當的負擔，那麼靈活利用前天的晚餐是個很不錯的主意！今天，我以這個角度出發，試著做了以下幾種料理。

燉煮料理油脂少，放涼後味道也不錯，與略煮或微炒的食材相比，不容易變質。用好幾種蘑菇和番茄燉煮的「希臘風番茄燉蘑菇」（p.122），既可以當涼菜吃，也適合做便當。

雞肉的油脂溶化溫度為30度左右，所以即便放涼，吃進嘴裡時也會立刻溶開，口感並不差，拿來做便當沒有任何問題。椰奶咖喱雞（p.119）中放了多種蔬菜，同時，我考慮到咖哩香氣濃郁，特意將味道調得略微中和些。

哪怕趁熱盛在保溫杯裡，孩子打開蓋子後，咖哩的味道也不會太「張揚」。

'H' FAMILY

非常期待明天的便當！

便當擺裝時稍微花點心思，前一天做的副菜也不遜色。

冰箱裡備有常備菜、冷凍蔬菜，「儲藏」豐富，看得出來女主人即便每天都很忙，也不忘考慮家人的健康。

就做一些讓孩子打開便當後「怦然心動」的便當吧！

斜管麵在煮過後，不管放多久，軟硬狀態也不會發生太大變化，同樣適合做便當。這次我用斜管麵和青花菜，配上麵包粉做了一道烤菜（p.118）。

媽媽們若是在便當裡再放些甜點的話，孩子應該會很開心。我這次做的蘋果蛋糕（p.126）是法國布列塔尼半島地區的一道傳統點心。材料好準備，做法也簡單，雖然看上去樸素，但是軟糯的口感讓人回味無窮。

孩子上中學後，對料理色彩和味道的要求可能會變多。我自己也經歷過中學時期，可以理解孩子們的心情。他們雖然不會直接向媽媽提什麼要求，但心裡都一定對便當充滿期待。如果這些食譜能夠派上用場的話，我也會很開心。

「女兒很喜歡參加社團活動，總容易肚子餓，但似乎又有點擔心發胖，現在不怎麼喜歡我做的飯……」

用常見食材就能做出法國家庭料理呢！

想帶咖哩便當的話，推薦香味溫和的椰奶咖哩雞。

番茄可樂餅
P.125

西班牙煎蛋餅
P.123

玉米濃湯
P.117

青花菜義大利麵
P.118

希臘風番茄燉蘑菇
P.122

3小時做好10道菜！

- 什蔬蘸起司 P.123
- 鰤魚烤小番茄 P.125
- 布列塔尼風蘋果蛋糕 P.126
- 泡菜煎豬排 P.122
- 椰奶咖哩雞 P.119

如果早上能提前準備些晚餐要用的食材就好了，有沒有什麼好點子呢？

清晨先準備好，晚上回家就能輕鬆料理

鰤魚（臺灣俗稱「青甘」）烤小番茄（p.125）做法簡單，就是將鰤魚用鹽、胡椒粉及青紫蘇提前醃入味後，擺在小番茄上，再用烤箱烘烤。要去上班的媽媽，早上可以先準備好鰤魚，回家後便可直接烘烤。

椰奶咖哩雞也是只需清晨時醃上雞肉，咖哩飯其實很好做，「咕嘟咕嘟」燉煮30分鐘就能出鍋。

媽媽們做泡菜煎豬排（p.122）時，提前切好蔬菜，將其丟進煮開的泡菜汁裡，然後關火靜置。家人享用時只要把豬肉煎熟，然後將泡菜汁連蔬菜一起倒進煎過肉的平底鍋裡，微煮收汁，配菜和醬汁同時搞定。泡菜可當常備菜，也能裝點便當。

大致掌握烤箱火力即可

以我個人的經驗來說，似乎大多數日本家庭都不太擅長

早上準備好食材，下班回家後只要半小時，就能上桌！

廚房家務需要手腦並用。

用烤箱。問起理由，很多人都面露難色：「烤箱的溫度和時間不怎麼好調節……」其實，使用烤箱烘烤料理時，不用考慮得太細緻，多數場合下控制在180～200度就可以。

媽媽們可以先按照食譜裡的標準設置好溫度、時間。至於具體的烹煮時長，需要在烤的過程中勤加觀察烘烤狀態，靈活選擇中止或延長。溫度高低也要隨機應變，如果料理狀態一直沒有變化，就適時調高溫度，食材內部還沒熟透但表面卻快要烤焦時，就及時調低。來回反覆觀察幾次，慢慢就能掌握料理的溫度和時間。

像奶汁焗菜，如果食材已經熱透，而只需把表面烤出金黃色澤時，媽媽們可以把烤箱調到最高溫度（230～250度），烤5～10分鐘，等到上色後即可取出。如果善於利用烤箱，料理天地就會拓展，做飯也會更輕鬆。

沒問題！

提前醃製調味，或事先準備配菜，都能讓晚餐製作更加從容。

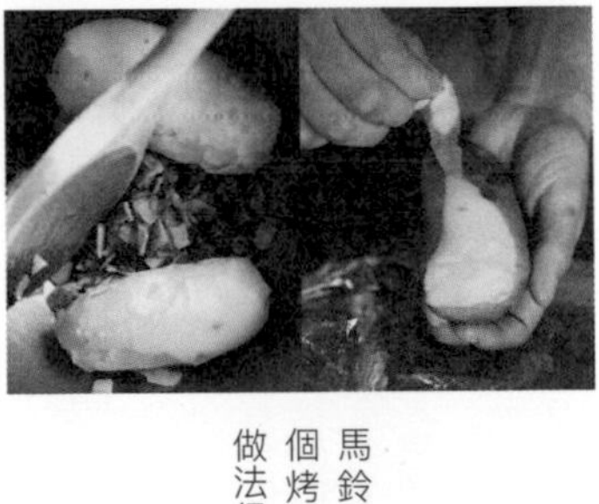

馬鈴薯用微波爐整個烤熟後再去皮，做法很簡單。

將泡菜汁煮沸，放入蔬菜，關火，早上做到這裡，晚上回家後就能立刻著手下一步。

想輕輕鬆鬆做出法式家庭料理，有沒有什麼祕訣或技巧，才能做得更好吃呢？

省事的時間可以做講究的料理

做法國家庭料理最省事的就是，大多可放心交給瓦斯爐、烤箱「包辦」，尤其是烤箱。對法國的媽媽們來說，烤箱可謂最得力的烹飪器具，就似日本的瓦斯爐，經常使用。烤箱除了能夠烘烤食材，做燉煮料理時還能帶鍋一起放進去加熱，這是烤箱的一大優勢。與熱源位於下方的瓦斯爐不同，烤箱內部整體能均勻受熱，在食材烤熟前媽媽們幾乎不用操心，趁這期間還能做一道沙拉。

如此媽媽們可以騰出雙手，時間充裕時，我推薦大家動手做一次沙拉醬。有的媽媽剛開始很驚訝地說：「哪有那個閒工夫啊？」不過，她們試著做過之後，發現不但做法簡單，沙拉也比以往好吃了很多，現在都成了忠實的「手作派」。很多媽媽都反應說：「冰箱裡擺了很多市面上賣的各種醬汁，但自製的沙拉醬好吃很多倍！」

媽媽們在製作沙拉醬時，謹記醋、油的比例大致是1：3。往醋裡放入鹽、胡椒粉後，要把鹽粒充分攪拌溶解後再放油，做到這一步，就算完成了基礎款調味醬。媽媽也可以

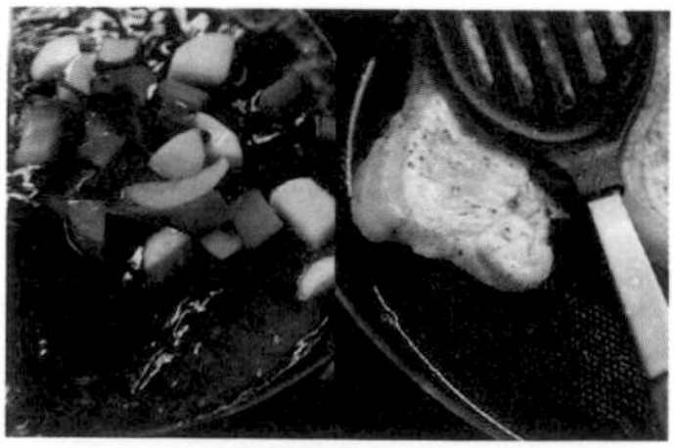

豬肉上色後取出，連泡菜和汁一起倒進鍋裡微煮收汁。

利用早上一小時，將便當、早餐及晚餐準備工作一口氣做好！

MES FAVORIS
志麻最愛的湯品

‘potage’

玉米濃湯

麵粉用奶油翻炒，更添濃郁奶香

材料及做法〈4人份〉

玉米粒罐頭—1罐（約400克）	牛奶—400毫升
洋蔥—½個	奶油—15克
麵粉—1小匙	鹽、胡椒粉
高湯塊—1個	—各適量

1. 洋蔥切成薄片。將洋蔥和奶油一起放入鍋中，撒少許鹽，將洋蔥炒軟。然後篩入麵粉，炒至不帶粉氣。玉米粒罐頭連汁液一起倒進去，加150毫升水，轉大火煮沸，撈去浮沫，放入高湯塊，轉中火，將水分熬至一半即可。

2. 倒入牛奶，用料理機打至濃稠狀。用細網篩過濾一遍後，口感更柔滑。再次煮開，嚐一下味道，若感覺味道不足可再加點鹽，也可根據個人口味撒些胡椒粉。

★小訣竅 可放入保溫杯作熱便當。

- 可冷藏2～3日。
- 可冷凍保存，冷凍、解凍方法請參照p.127。

沒問題！

根據個人喜好，在醬汁中拌一些芥末醬或香辛料，讓口味更豐富。醋、油也不僅限一種，不妨將廚房裡現有的幾種加在一起試試看，比如蘋果醋、葡萄酒醋和米醋，說不定能夠疊加出獨一無二的好滋味。

能省事的地方簡單做，不省事的地方就用心做。利用好烤箱輕鬆簡單翻倍！

青花菜義大利麵

青花菜煮得軟爛一些，口味更好

材料及做法〈4人份〉

青花菜 — 2個
斜管麵 — 250克
蒜瓣 —2個
麵包粉— 適量
起司粉 — 適量
橄欖油 — 適量
鹽、胡椒粉 — 各適量

1. 將青花菜分成小朵，蒜瓣切成兩半後用刀拍碎。煮斜管麵。鍋中放大量水煮沸，撒少許鹽。1公升水大概放2/3大匙鹽，只要喝起來覺得美味即可。比規定的時間多煮上5分鐘，在準備撈出的5分鐘前放入青花菜（A）。時間到後，青花菜和斜管麵一同撈出瀝水，麵汁暫時不要倒掉。

2. 往平底鍋裡倒入2大匙橄欖油，放入蒜瓣，用小火炒香。舀入50毫升麵汁，轉大火後收汁，放入斜管麵及青花菜。嚐一下味道，若感覺味道不足可再加點鹽，也可根據個人口味撒些胡椒粉。做好後，盛入耐熱器皿。

3. 撒上麵包粉及起司粉，淋上橄欖油。用預熱230～250度的烤箱或烤吐司機，烘烤5分鐘左右，將麵包粉烤出漂亮的色澤即可。

★小訣竅 斜管麵相對耐放，狀態不會隨著時間流逝而變化，很適合做便當。

A

青花菜隨後用來做醬汁，煮軟些更合適，分朵後可以再切小一點，將花莖煮到用手指能按破的狀態。

- 可冷藏2～3日。
- 可冷凍保存，冷凍、解凍方法請參照p.127。

咖哩雞肉風味溫和，可單獨作副菜享用

椰奶咖哩雞

材料及做法〈4人份〉

雞腿肉 — 200克
洋蔥 — 1個
番茄 — 2個
紅、黃彩椒 — 各1個
青椒 — 4個
蒜瓣 — 1個
咖哩粉 — 1小匙
椰奶 — 1罐（400克）
高湯塊 — 1個
鹽、胡椒粉、油 — 各適量
熟米飯 — 適量

1. 雞肉切成較大塊，蒜瓣磨泥。將蒜泥、咖哩粉、鹽、胡椒粉和雞肉合在一起，用手揉拌入味後，靜置15分鐘以上（A）。洋蔥切薄片，番茄切塊，彩椒及青椒切條。

2. 鍋中倒油開大火，將雞肉表面煎至金黃色。取出雞肉，放入洋蔥、彩椒（一半的量），將鍋底殘留的肉汁一併混進食材。待食材炒軟後，放入番茄、高湯塊，倒入椰奶，蓋上鍋蓋，煮10分鐘，最後用料理機打勻。

3. 將煎好的雞肉回鍋（B），加入剩餘的彩椒，煮10分鐘左右。再加入青椒煮5分鐘左右，直至變軟。嚐一下味道，若感覺味道不足可再加點鹽，也可根據個人口味撒些胡椒粉。最後和米飯一同盛入盤中。

★小訣竅 可盛入保溫盒當作熱便當，涼著吃味道也不錯，不帶湯汁的食材可直接裝便當。

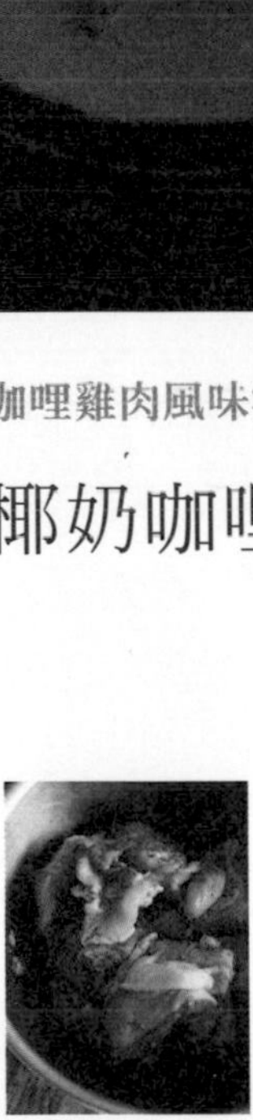

A
早上只需要醃好雞肉。

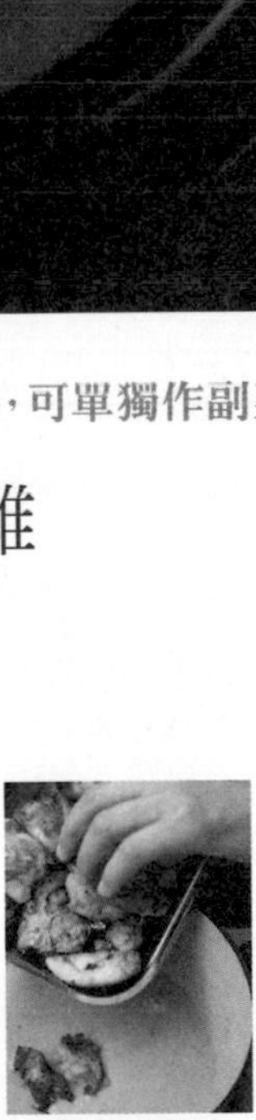

B
雞肉表面煎上色後暫時取出，之後再回鍋時就不容易發硬。

- 可冷藏2～3日。
- 可冷凍保存，冷凍、解凍方法請參照p.127。

希臘風番茄燉蘑菇 » P.122

什蔬蘸起司 » P.123

西班牙煎蛋餅 » P.123

泡菜煎豬排 » P.122

泡菜煎豬排

泡菜是最棒的醬汁

材料及做法〈4人份〉

豬肉（厚片）— 4片
鹽、胡椒粉 — 各適量
白葡萄酒（日本酒也可）— 100毫升
油 — 適量

泡菜用菜

洋蔥 — 1個　蕪菁 — 1個
紅蘿蔔 — 1根　小黃瓜 — 2條

泡菜汁

醋、白葡萄酒 — 各200毫升
砂糖 — 3大匙
月桂葉 — 1片
鹽 — 1大匙
胡椒粒（可不加）— 適量

1. 製作泡菜。將所有蔬菜切成2公分的方塊，將製作泡菜汁的材料及200毫升水倒入鍋中，撒入鹽、砂糖，煮沸後添入蔬菜，關火，蔬菜利用餘溫加熱（A）。

A
早上只需做到這步。

2. 往豬肉表面抹上鹽、胡椒粉。平底鍋倒油燒熱，開大火將豬肉煎熟。取出，往煎肉鍋裡倒入白葡萄酒，開大火，將鍋底殘留的肉汁鏟下來，融入湯中。

3. 將步驟1中的蔬菜和泡菜汁（各一半，剩下的可現吃或冷藏）倒入平底鍋，大火收汁，豬肉回鍋，煮1分鐘左右。

★小訣竅 泡菜可放上一週，多做些當常備菜，也能充便當配菜。

- 泡菜可冷藏保存一週。

希臘風番茄燉蘑菇

輕鬆品嚐異域風味

材料及做法〈4人份〉

洋菇 — 2盒（10~12個）
鴻喜菇 — 1盒（約100克）
杏鮑菇 — 1盒（3~5個）
洋蔥 — ½個
番茄罐頭 — 1罐（400克）
白葡萄酒— 100毫升
砂糖 — 1大匙
月桂葉 — 1片
孜然粉（可不加）— 少許
鹽、胡椒粉 — 各適量
橄欖油 — 適量

1. 較大的洋菇一分為二，較小的可直接使用，鴻禧菇分成較大塊，杏鮑菇切成和其他蘑菇差不多大的塊狀，洋蔥切丁。

2. 平底鍋裡倒橄欖油放入洋蔥，撒少許鹽，用偏弱的中火炒至發軟。添入菇類，轉大火翻炒，均勻沾裹上油分，倒入番茄罐頭、白葡萄酒，放入砂糖（A）。撒上一小匙鹽及胡椒粉，放入月桂葉、孜然粉，蓋上鍋蓋，中火燉煮10分鐘。拿掉鍋蓋，收汁，至黏稠狀態。

A
砂糖可以中和番茄的酸味。

★小訣竅 作涼菜時味道不錯，所以能直接裝便當；還可以搭配豬肉或雞肉一起炒。

- 可冷藏2～3日。
- 可冷凍保存，冷凍、解凍方法請參照p.127。

西班牙煎蛋餅

半熟時盛出再回鍋
做出來的蛋餅又厚又軟

材料及做法〈直徑 18 公分的平底鍋〉

雞蛋 — 7~8 個
混合碎肉 — 200 克
馬鈴薯 — 2~3 顆
洋蔥 — 1 個
鹽、胡椒粉 — 各適量
油 — 適量

1. 馬鈴薯帶皮洗淨，用保鮮膜裹起來，放進 600 瓦微波爐裡烤 6 分鐘左右。烤軟後取出，剝掉表皮，切成 2 公分的方塊。洋蔥切小丁，雞蛋打散並撒少許鹽。

2. 平底鍋裡倒油，放少量鹽翻炒洋蔥。添入碎肉，轉大火，撒一小匙鹽及胡椒粉。待肉變色後，拌入馬鈴薯塊。倒入蛋液，大致攪拌後煎至半熟狀態（A、B），先盛出（C）。

3. 清洗平底鍋，重新倒油，食材回鍋繼續煎烤。借助盤子翻面，將另一面也煎成酥香狀態。

如果想做出厚實鬆軟的煎蛋餅，盡量用小號平底鍋。

A

和鍋底接觸的一面穩固後，大致攪拌，煎至半熟狀態。

B

半熟狀態下盛出。看似有些費事，但短時間內能做出外觀漂亮的煎蛋餅。

C

★**小訣竅** 裝便當時，可適當添些青花菜或番茄，五彩繽紛的色澤更悅目。

- 可冷藏2~3日，冷凍時請不要放馬鈴薯。
- 可冷凍保存，冷凍、解凍方法請參照p.127。

什蔬蘸起司

起司用烤吐司機加熱

材料及做法〈容易操作的份量〉

卡蒙貝爾起司 — 2 個
白葡萄酒 — 2 大匙
蒜瓣 — 2 個
馬鈴薯 — 2 個
紅蘿蔔 — 1 根
青花菜 — 1 個
小香腸 — 8 根

1. 將馬鈴薯帶皮洗淨，裹上保鮮膜，用 600 瓦微波爐烤 5~6 分鐘。烤軟後，連皮一同切成大塊。

2. 將紅蘿蔔切成條，青花菜分小朵。鍋中倒大量水燒開，依次放入紅蘿蔔、青花菜、小香腸。蔬菜不要煮過頭，保留一些清脆口感，最後一同撈出瀝水。

3. 蒜瓣切成兩半，用刀拍碎。將起司表面劃一道十字，撒入蒜末，放到耐熱器皿裡，用烤箱烤軟，途中分兩次各淋上一大匙白葡萄酒。蘸食享用。

★**小訣竅** 煮好的蔬菜可拿來裝點便當。

- 當日做當日吃。

番茄可樂餅
鰤魚烤小番茄

鰤魚烤小番茄

魚提前醃好，只剩烘烤

材料及做法〈4人份〉

鰤魚— 4 塊
小番茄 — 2~3 盒
青紫蘇 — 4~6 片
月桂葉 — 2~3 片
醋 — ½ 小匙
橄欖油 — 4 大匙
鹽、胡椒粉 — 各適量

1. 給魚肉表面抹上足量的鹽、胡椒粉，放置片刻，擦淨水分。將2片青紫蘇切碎撒在魚肉上，淋上一大匙橄欖油（A）。

2. 將小番茄鋪在耐熱器皿中，撒少許鹽，胡椒粉依個人口味添加，淋上2大匙橄欖油，放幾片月桂葉（B），用預熱200度的烤箱，烘烤10分鐘。把醃好的魚肉放在上面，繼續用200度烤箱烘烤10分鐘。

3. 將剩下的青紫蘇切碎放進碗裡，倒入油、一大匙橄欖油及少許胡椒粉，用勺子拌勻，最後淋在烤好的魚肉上面。

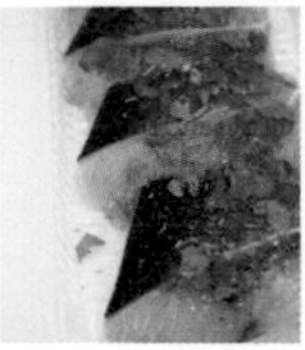
A
早上準備到這一步就OK！

B
小番茄提前用烤箱烤10分鐘，去掉多餘水分。

★小訣竅 烤魚和小番茄都可拿來裝便當。

- 可冷藏到第二天。

番茄可樂餅

法式可樂餅做法簡單

材料及做法〈容易操作的份量〉

馬鈴薯 — 5 個
培根（厚片）— 8 片
香芹 — 1 把
烤比薩用的起司絲
（根據個人口味添加）
— 適量
雞蛋 — 1 個
麵粉、麵包粉、油
— 各適量

番茄醬汁
洋蔥 — ¼ 個
蒜瓣 — 1 個
番茄罐頭（切塊）
— 1 罐（400 克）
鹽、胡椒粉
— 各適量
油 — 適量

1. 馬鈴薯帶皮洗淨，裹上保鮮膜，用600瓦微波爐加熱8分鐘左右，確保熟透。將培根切成小方塊後輕炒，香芹切碎。

2. 馬鈴薯剝皮搗碎，拌入培根、香芹，也可根據個人口味加些起司。揉成乒乓球大小（A），依次沾裹麵粉、蛋液、麵包粉。用少量油煎熟，中途勤翻動（B）。

3. 製作番茄醬。將洋蔥與蒜瓣切成薄片，用油略炒，待洋蔥變軟後，倒入番茄罐頭，加入100毫升的水再煮至收汁。嚐一下味道，若覺不夠味可再加點鹽或胡椒粉。裝盤時，先盛醬，再放上炸好的馬鈴薯可樂餅。

A
早上只須準備到這步。

B
鍋內少量油就OK！

★小訣竅 裝便當時，建議用較多的熱油將馬鈴薯徹底炸透。

- 可冷藏2～3日。
- 可冷凍保存，冷凍、解凍方法請參照p.127。

MES FAVORIS
志麻最愛的甜點 'dessert'

布列塔尼風蘋果蛋糕

用簡單的材料，做出樸素的法式在地小點心

材料及做法

〈6 個 250 毫升的耐熱杯〉

蘋果 — 1 個
奶油 — 20 克
砂糖 — 10 大匙
低筋麵粉 — 100 克
雞蛋 — 2 個
牛奶 — 500 毫升

1. 蘋果帶皮 4 等份，去核，切成一口大小。平底鍋加熱，融化奶油，放入蘋果和一大匙砂糖，讓蘋果均勻沾裹砂糖和奶油，煎至砂糖融化變為焦糖色。

2. 將低筋麵粉、剩餘的砂糖一同放入碗中，打入雞蛋拌勻。將牛奶加熱至室溫狀態，一點點倒入蛋糊，攪拌均勻。

3. 用奶油（份量外）塗抹模具，倒入蛋液，放入煎好的蘋果。用預熱 200 度的烤箱烘烤 20～30 分鐘。最後用牙籤戳一下確認烘烤狀態，若無黏住即可端出。

MEMO

- 在煎蘋果時，如果因攪拌過度造成果肉水分流出，就不容易上色，注意不要動得太勤，耐心等待。
- 用梨、桃、草莓等水分較多的水果製作這道甜點時，同樣需要用奶油炒過後再煎上色。但用乾果或香蕉時，可以直接攪入蛋液。

★小訣竅 往便當盒裡偷偷放上這道甜點，孩子們肯定會很開心。

- 可冷藏2～3日，用水分較少的水果製作的甜點可冷凍。

掌握冷凍保存方法，有效留住美味

本書中有好多道料理可以冷凍保存。

媽媽們每次多做一些冷凍起來，可以讓忙碌的日子裡，也能為準備三餐稍微鬆口氣。

這裡就一起學習一下留住美味的冷凍注意事項，以及吃起來更可口的幾個祕訣吧！

冷凍時

POINT 1

使用乾淨衛生的容器

保存食材用的袋子或容器，一定要乾淨衛生，不帶任何水分。往容器裡盛裝時，也要使用乾淨的筷子或勺子。

POINT 2

不接觸空氣，讓保鮮膜與食材「親密接觸」

保鮮膜緊貼料理密封的話，就能夠有效避免食材接觸空氣。用可封口塑膠袋時，也要盡量排淨空氣。

料理和保鮮膜或蓋子之間留有空氣層的話，會加速乾燥或酸化，造成凍傷。將保鮮膜緊貼料理裹好後，蓋上蓋子，然後放入冷凍室。

POINT 3

快速冷凍

若需花費太多時間達到冷凍，容器中的水分就會結冰，造成凍傷。如果是家庭冰箱冷凍室的話，盡量將食材攤平，放在金屬托盤或夾在托盤中間，讓料理快速徹底冷凍。

攤平，擠出空氣，密封。

POINT 4

連湯帶汁一起保存

做蔬菜鍋、肉類燉煮料理時，和湯汁一起冷凍的話，能夠避免食材乾燥。

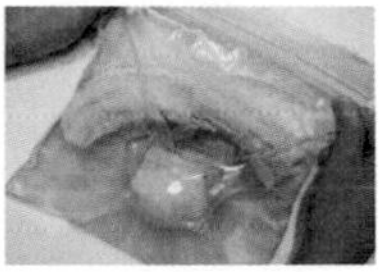

煮熟的豬肉和湯汁一同保存。

新鮮食材也能巧妙冷凍、解凍

冷凍尚未加熱的食材時，一定要用保鮮膜重新分別包裹。成塊的生魚肉、生肉片請務必一個一個用保鮮膜包好，時間再緊急，也請不要整包塑膠袋隨意丟進冷凍室。

解凍時，最好提前半天或一天，從冰箱裡拿出，讓食材自然解凍，能夠避免水分大量滲出。

急著解凍時，可以打開水龍頭用流水持續沖洗，或使用微波爐的解凍功能。

解凍後的肉塊大多表面水分較多，用廚房紙巾仔細擦乾。如果帶水分直接烹飪的話，既不容易煎上色，又會造成美味的肉汁白白流失。

使用冷凍料理時

CASE 1

做奶汁焗菜
或只需把表層的麵包粉
烤為金黃色澤時
先將食材徹底加熱
再高溫烘烤

表面撒有起司或麵包粉的烘烤料理在解凍時，先用微波爐徹底熱透，再用烤箱將表面烤上色。只用烤箱的話，在食材內部還未熱透前，表面可能就已烤焦。

CASE 2

需油炸的食物
可在冷凍狀態下
直接放進油鍋

需要油炸或煎炸的料理，如果在過油前就冷凍起來的話，可以直接放進油鍋裡炸熟；如果是炸好後冷凍起來的話，可先用微波爐解凍，將內部熱透後，再用烤箱將表面烤成香酥狀態。

タサン志麻（TASSIN SHIMA）

知名料理家、上門料理人。

目前，與丈夫、兒女和兩隻貓生活在一棟房齡六十多年的古民宅中。

畢業於調理師專門學校，後赴法國留學，曾到法國米其林三星級喬治．布朗克餐廳研修，後就職於東京知名的法國料理餐廳。自2015年起，成為一名上門料理人，曾參演《沸騰Word10》、《行家本色》等節目，榮登《家庭畫報》等知名生活雜誌。

已出版《志麻的基礎家庭常備菜》（志麻さんの自宅レシピ 「作り置き」よりもカンタンでおいしい！入選2018年日本料理書大賞，講談社）、《志麻家的廚房規則》（志麻さんの台所ルール：毎日のごはん作りがラクになる、一生ものの料理のコツ，河出書房新社）等書，在日本掀起了一股「志麻熱」，被譽為「預約不到的傳說級家政婦」。

https://shima.themedia.jp/

STAFF

書籍設計　天野美保子
攝影　木村 拓（東京料理写真）
造型　大畑純子
協力編輯　二宮信乃　艸場よしみ　平田麻莉
編輯　三宅礼子
校對　株式会社円水社

撮影協力
◆UTUWA　TEL 03-6447-0070

國家圖書館出版品預行編目 (CIP) 資料

日本媽媽的法式餐桌：預約不到的家政婦，私藏 61 道法式家常菜 / タサン志麻作；王菲譯. -- 初版. -- 新北市：遠足文化事業股份有限公司好人出版遠足文化事業股份有限公司發行，2024.07
面；　公分
ISBN　978-626-7279-76-2（平裝）

1.CST：食譜　2.CST：烹飪　3.CST：法國

427.12　　　113008192

i 生活 42

日本媽媽的法式餐桌

預約不到的家政婦，私藏 61 道法式家常菜

作　　者　タサン志麻　　譯　　者　王菲
封面設計　高郁雯　　內文排版　紫光書屋
總 編 輯　林獻瑞　　責任編輯　周佳薇
行銷企畫　呂玠忞
出 版 者　好人出版 / 遠足文化事業股份有限公司
新北市新店區民權路 108-2 號 9 樓
電話 02-2218-1417 傳真 02-8667-1065
發　　行　遠足文化事業股份有限公司（讀書共和國出版集團）
新北市新店區民權路 108-2 號 9 樓
電話 02-2218-1417　傳真 02-8667-1065
電子信箱　service@bookrep.com.tw
網址　http://www.bookrep.com.tw
讀書共和國客服信箱　service@bookrep.com.tw
讀書共和國網路書店　http://www.bookrep.com.tw
團體訂購請洽業務部　02-2218-1417 分機 1124
郵政劃撥　19504465　遠足文化事業股份有限公司
法律顧問　華洋法律事務所　蘇文生律師
印　　製　中原造像股份有限公司
出版日期　2024 年 6 月 26 日　　定價　新台幣 420 元
ＩＳＢＮ　978-626-7279-76-2
978-626-7279-75-5（PDF）
978-626-7279-77-9（EPUB）